SITZUNGSBERICHTE DER SÄCHSISCHEN AKADEMIE
DER WISSENSCHAFTEN ZU LEIPZIG

Mathematisch-naturwissenschaftliche Klasse
Band 121 · Heft 1

N. JOACHIM LEHMANN

GLASHÜTTE 1878
BEGINN DER DEUTSCHEN
RECHENMASCHINENFERTIGUNG

VORLEISTUNGEN
ZUR MODERNEN MIKROELEKTRONIK

Mit 27 Abbildungen

AKADEMIE-VERLAG BERLIN

1989

Vorgetragen in der Öffentlichen Sitzung am 14. November 1986
Mansukript eingereicht am 16. Dezember 1987
Druckfertig erklärt am 3. 11. 1988

ISSN 0371-327X
ISBN 3-05-500561-9

Erschienen im Akademie-Verlag, Leipziger Straße 3—4, Berlin, DDR-1086

Lizenznummer: 202 · 100/385/88
Printed in the German Democratic Republic
Gesamtherstellung: VEB Druckhaus „Maxim Gorki“, 7400 Altenburg
LSV 1085
Bestellnummer: 7638765 (2027/121/1)

01000

INHALTSVERZEICHNIS

0. Zur Zielstellung 5

1. Die Erfindung einer ersten Rechenmaschine 6
1.1. Prinzipien des SCHICKARDschen Rechengerätes 7
1.2. Das Schicksal der SCHICKARDschen Erfindung 9

2. LEIBNIZ' Entwicklungen zur Rechentechnik 11
2.1. Logische und philosophische Grundtendenzen 11
2.2. Elemente einer 4-Spezies-Rechenmaschine 12
2.3. Schaltwerke 14
2.4. Das Dualzahlsystem 19
2.5. Auswirkungen der LEIBNIZschen Studien zur Rechenmaschine 19

3. Das erste Buch zur Rechentechnik entsteht in Leipzig 21
3.1. POLENIS Rechenuhr 22
3.2. Das Prinzip der Schaltklinke 23

4. Die ersten voll funktionsfähigen Rechenmaschinen 23
4.1. Die Addition-/Subtraktionsmaschine von GERSTEN 23
4.2. ANTONIUS BRAUN baut gebrauchsfähige 4-Spezies-Rechner 24
4.3. Die Staffelwalzenmaschine von PHILIPP MATTHÄUS HAHN 26

5. Die THOMASsche Rechenmaschine in Serienfertigung 27

6. Glashütte in Sachsen Mitte des 19. Jahrhunderts 29

7. Die erste Rechenmaschinenentwicklung in Glashütte 30

8. Die erste Rechenmaschinenfabrik in Deutschland 33
8.1. Der Zivilingenieur ARTHUR BURKHARDT in Glashütte 33
8.2. Ein neuer Zweig der Büromaschinenindustrie entsteht 35
8.3. „Archimedes“ als letztes Rechenmaschinenwerk in Glashütte 36

9. Überblick über die Genesis der Rechenmechanik 39
9.1. Geordnete Übersicht über erste Rechengeräte 39
9.2. Zur Motivation der Anfänge 43
9.3. Technische Entwicklungstendenzen der Rechenmechanik 43

10. Glashütte und die Rechentechnik nach 1960 44

Literaturverzeichnis 48

Bild-Anhang I

Der Anlaß zu diesem Vortrag war die Erinnerung an den 270. Todestag von Leibniz,
die Absicht, den großen Gelehrten und geistigen Vater unserer Sächsischen Akademie der Wissenschaften zu Leipzig auch als einen Wegbereiter der modernen Rechentechnik herauszuheben und zu ehren.[1]

0. Zur Zielstellung

Heute ist der Computer, die „Denkmaschine", auf der Basis einer Mikroelektronik zu einem der Grundpfeiler der wissenschaftlich-technischen Revolution geworden, die sich vor unseren Augen vollzieht. Überall wird ihre Auswirkung sichtbar — und dabei manchmal vergessen, daß die mechanische Rechenmaschine zu ihrer Vorgeschichte gehört, auf der die heutigen Arbeiten unmittelbar aufbauen konnten. Auch zur Beurteilung der Leistungen beim Beginn der Rechenmaschinenfabrikation in Deutschland und zum Erkennen der generellen gedanklichen und technischen Entwicklungslinien wird es notwendig, diese Anfänge in Betracht zu ziehen.

Da heute die Ära der mechanischen Kalkulatoren unwiderruflich abgeschlossen ist, bietet sich gleichzeitig eine Gelegenheit, die einzelnen Etappen dieser Entwicklung zu ordnen und zu werten. In Verbindung mit den Schöpfungen herausragender Pioniere soll versucht werden, hierfür einen Rahmen festzulegen, der zugleich Beziehungen zur Gegenwart herzustellen gestattet. Auch aus der engeren Heimat im sächsisch-thüringischen Einzugsbereich unserer Akademie sind hierzu wesentliche Beiträge gekommen.

Die Bedeutung des Alten für alles Neue hat dabei Goethe ganz allgemein und in unübertrefflicher Weise in Worte gefaßt:

„*Es gibt kein Vergangenes, das man zurücksehnen dürfte, es gibt nur ein ewig Neues, das sich aus den erweiterten Elementen des Vergangenen gestaltet und jede echte Sehnsucht muß produktiv sein, ein Neues, ein Besseres zu schaffen.*"

[1] Öffentlicher Vortrag vor der Sächsischen Akademie der Wissenschaften zu Leipzig am 14. 11. 1986 zum Andenken an Leibniz (1.7. 1646—14. 11. 1716). Ergänzt wurden für die schriftliche Fassung technische Details, soweit sie für eine globale Beurteilung der verschiedenen Entwicklungsetappen notwendig waren. Außerdem wurde die Einordnung von Beiträgen in die jeweiligen geistigen Zeitströmungen durch ausführlichere Darstellungen vertieft.

1. Die Erfindung einer ersten Rechenmaschine [37, 38]

Die Anfänge der Rechenmaschinenentwicklung liegen im 17. Jahrhundert: 1623 baute WILHELM SCHICKARD (1592—1635), Professor für biblische Sprachen, Mathematik und Astronomie an der Lutherischen Universität in Tübingen, die erste Rechenmaschine [8], [10]. Dieser universelle Wissenschaftler beherrschte nicht nur seine Lehrgegenstände, sondern leistete auch in der Malerei und bei der Geodäsie Bedeutendes. Seine progressive Rolle wird dabei besonders durch sein Eintreten für die kopernikanischen Ideen und durch seine Beteiligung an der Übersetzung von GALILEIS „Dialogo" aus dem Italienischen in die damals übliche Weltsprache der Gelehrten, in das Lateinische (etwa 1633—1634)[2], dokumentiert.

Damit wird verständlich, daß er zu den ersten Pionieren gehört, die Erfolge bei der Aufdeckung mechanischer Gesetzmäßigkeiten durch GALILEI, KEPLER und andere auch im geistigen und vom Menschen nicht unmittelbar anfaßbaren Bereich „begreifbar" machen möchten. So entwickelte er 1621 ein mechanisches Modell zur Darstellung grammatischer Regeln der hebräischen Sprache, das unter der Bezeichnung „Hebräisches Rad" bekannt wurde. Auf seinem Porträt in der Aula der Tübinger Universität von 1632 (vgl. Bild 1) hält er bezeichnenderweise ein mechanisches Miniaturplanetarium in der Hand, mit dem sowohl die Vorteile des heliozentrischen Systems als auch die Relativität dieser und der geozentrischen Auffassung demonstriert werden konnten.[3]

So lag es für SCHICKARD als Mathematiker nahe, einen entsprechenden Versuch zur getriebetechnischen Realisierung der arithmetischen Rechenkalküle zu wagen. Dabei mögen auch Gespräche mit JOHANNES KEPLER, der in jenen Zeit 1620/21 in Tübingen weilte, beigetragen haben — eine der Maschinen war jedenfalls für ihn bestimmt, obwohl er damals bereits alle seine bahnbrechenden astronomischen Berechnungen Jahre zuvor abgeschlossen hatte. Entscheidend für SCHICKARDS Vorhaben war gewiß das Bemühen, auch gedankliche Vorgänge materiell nachzuvollziehen und zu einer allgemeinen mechanischen, materiell geprägten Weltbetrachtung beizutragen.

Das wird auch durch die Feststellung weiter erhärtet, daß alle logischen und technischen Voraussetzungen zum Bau eines solchen Gerätes bereits 100 Jahre früher dem genialen, fruchtbaren Künstler und Ingenieur LEONARDO DA VINCI (1452—1519) zur Verfügung standen: das positionsorientierte Dezimalsystem,

[2] Mit dieser Arbeit waren der Straßburger Polyhistoriker MATHIAS BERNEGGER, der Heidelberger Präzeptor LINGELSHEIM und WILHELM SCHICKARD befaßt. Die Übersetzung kam 1635 im Elsevier-Verlag in Leiden heraus.

[3] Nach einer Untersuchung von Prof. L. v. MACKENSEN, der hierzu eine Rekonstruktion dieses Planetariums ausgeführt hat [24].

das von LEONARDO meisterhaft gehandhabt wurde, sowie Zahnräder[4], die in Uhren für Schwingungszählungen oder bei Wegemessern (Hodometer) im Gebrauch waren und LEONARDO für die unterschiedlichsten neuen Anwendungen dienten. Dabei war der Rechenbedarf in den italienischen Städten mit ihrem reichen Handel und infolge der in der Renaissance auflebenden mathematischen Wissenschaften besonders groß. Das sind Argumente, die noch 1642 von BLAISE PASCAL zur Begründung des Baues einer Additions-/Subtraktionsmaschine benutzt wurden, da er seinem Vater, einem französischen Steuerpächter und -einnehmer, die Arbeit erleichtern wollte.

1.1. Prinzipien des Schickardschen Rechengerätes

Die Rechenmaschine von SCHICKARD führte nur die Addition und Subtraktion getriebemäßig aus. Zur Darstellung und damit Speicherung der Ziffern in einer Dezimalzahl dienten Zählräder mit 10 Raststellungen entsprechend der Ziffern 0 bis 9 (bei Sch. für 6 Stellen ausgeführt; in Fig. 1a R_0, R_1, R_2, zur Vereinfachung nur R_1, R_2 mit Rastfeder r_1, r_2)[5]. Die Addition eines Summanden $S = s_1 \cdot 10^2 + s_2 \cdot 10 + s_0$ $(s_i \in \{0, \ldots, 9\})$ zur gespeicherten Zahl erfolgt Ziffer nach Ziffer, indem das Rad R_i um s_i Einheiten weitergedreht wird (in Fig. 1a wird mittels Griffel G das Ziffernrad R_1 von der Randbeschriftung $s_1 = 3$ im Uhrzeigersinn bis zum Anschlag A bewegt). Dabei wird der beim Übergang des jeweiligen Zählrades R_i von 9 auf 0 notwendige Übertrag in die nächsthöhere Dezimalstelle durch den „Einzahn" Z_i bewirkt, der so dimensioniert ist, daß damit über ein Zwischenzahnrad zur Richtungsumkehr die nächsthöhere Resultatsposition R_{i+1} genau um eine Einheit weiterrückt. Wegen der bei diesem Übertragungsmechanismus sonst möglichen Verklemmungen dürften niemals zwei oder mehr Ziffernstellen gleichzeitig addiert werden. Für die Subtraktion läßt sich die zulässige Umkehr der Drehrichtung ausnutzen.

Nach dieser Analyse gebührt Schickard die Priorität bei Nutzung des Zählrades mit Raststellungen, der Wandlung von Winkel in Ziffernwerte und der Erfindung eines funktionsfähigen Addier-/Subtrahierwerkes mit serieller Betriebsweise (d. h. mit einer nacheinander erfolgenden Bearbeitung der Ziffernstellen).

Dieser Mechanismus nimmt in dem von Prof. Baron VON FREYTAG-LÖRING-

[4] Nach einem Fund, der 1900 in einem griechischen Schiffswrack aus dem 2. Jahrhundert v. u. Z. in der Nähe der Insel Antikythera gemacht wurde, dienten bereits damals 32 Zahnräder in einem Astrolabium für eine komplizierte Rechenschaltung mit Differenz- und Produktbildungen [40].

[5] In Klammern gesetzte Hinweise beziehen sich in diesem Abschnitt immer auf die Fig. 1a, 1b, 2a, 2b.

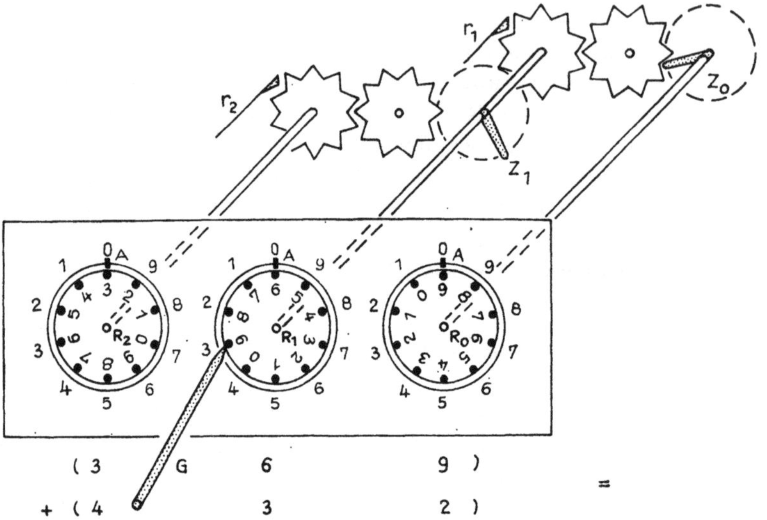

Fig. 1a. Serielles Addierwerk nach SCHICKARD. Es ist die Zahl 369 eingestellt, der Griffel G bereitet die Addition einer 3 in der 2. Dezimale vor. Ausführung: Drehung im Uhrzeigersinn bis zum Anschlag A

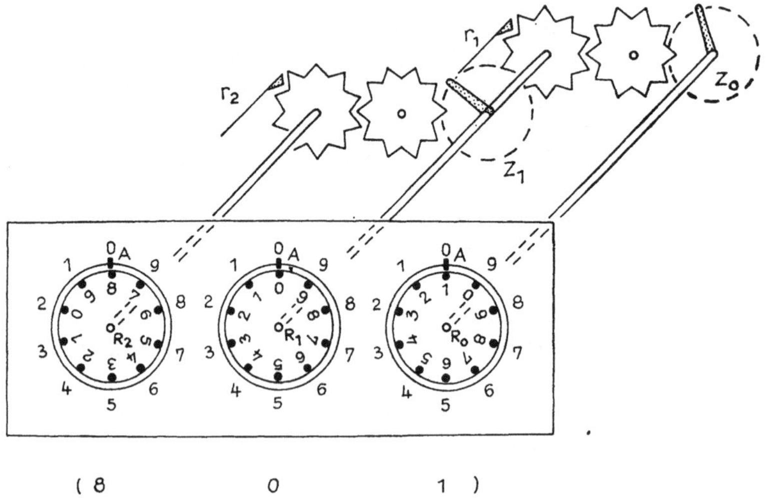

Fig. 1b. Das Addierwerk aus Fig. 1a nach Ausführung der Addition von 369 + 432 = 801

HOFF [8] rekonstruierten Rechner (s. Fig. 2) nur den mittleren Teil ein, darüber ist zur Erleichterung der Multiplikation und Division eine mechanisierte Tafel für das große 1×1 angefügt. Vorbild dazu war eine vom schottischen Lord NAPIER, einem der Erfinder der Logarithmentafel, 1617 veröffentlichte Rechenhilfe, bei der alle Mehrfachen einer Ziffer auf Stäbchen so angeordnet sind, daß durch Nebeneinanderlegen die entsprechenden Mehrfachen einer Zahl in einer Zeile abgelesen werden können. Von SCHICKARD wurden diese Vielfachen aller Ziffern auf Walzen angebracht (Fig. 2a) und solche entsprechend dem darzustellenden Multiplikanden eingestellt (Fig. 2b; mittels Einstellknöpfen Z_0, Z_1, Z_2 wurde dort 592 eingedreht). Durch Ziehen Schiebers S_i werden die zum Multiplikator i ($i \in \{2, \ldots, 9\}$) gehörigen i-fachen Werte jeder Multiplikandenziffer aufgedeckt und können danach bequem als Teilprodukte in das Addierwerk von Hand weitergegeben werden. Die dann im unteren Sockelteil des Rechners (s. Bild 2) einzutragenden abgearbeiteten Faktorstellen dienten gleichzeitig als Hinweis für die stellenrichtige Addition.

Auf SCHICKARD *geht damit auch die Ausnutzung einer ersten Form einer mechanisierten Tafel des großen* 1×1 *zurück, dabei fehlte allerdings noch eine automatisierte Verbindung zum Addierwerk.*

Die vollständige gerätemäßige Ausführung der Multiplikation und Division auf dieser Basis ließ noch 250 Jahre auf sich warten (vgl. Abschnitt 9, Tab. 1).

1.2. Das Schicksal der Schickardschen Erfindung

Die ersten Schickardschen Maschinen gingen verloren, ein für KEPLER bestimmtes Modell wurde entsprechend einer erhaltenen brieflichen Mitteilung an diesen durch Feuer vernichtet. Die Wirren des damals wütenden 30jährigen Krieges sowie der frühe Tod von SCHICKARD mit seiner ganzen Familie in einer Pestepidemie 1635 waren der Verbreitung der neuen Erkenntnisse und Erfindungen gewiß nicht förderlich. Es läßt sich auch kaum ermitteln, wie weit die Kunde über diese erste arithmetische Maschine wohl gedrungen ist. Sicher waren keine Einzelheiten über den Mechanismus des Gerätes bekannt, aber bereits die Information über ein gelungenes Experiment kann zur Wiederholung anregen. Wie auch immer, die Kenntnis über SCHICKARDS Arbeiten ist in verschiedenen Publikationen festgehalten: so wird von M. G. HANSCH, der 1718 Keplers Korrespondenz herausgab [11], auch SCHICKARDS Brief über seine „machina arithmetica“ abgedruckt; der Geograph BOHNENBERGER schreibt etwas später nochmals über SCHICKARDS Rechenmaschine und auch zu Beginn unseres Jahrhunderts wird von A. GEORGI auf diese Leistung gebührend aufmerksam gemacht, wobei er LEIBNIZ völlig ungerechtfertigt eines Plagiats verdächtigte [8].

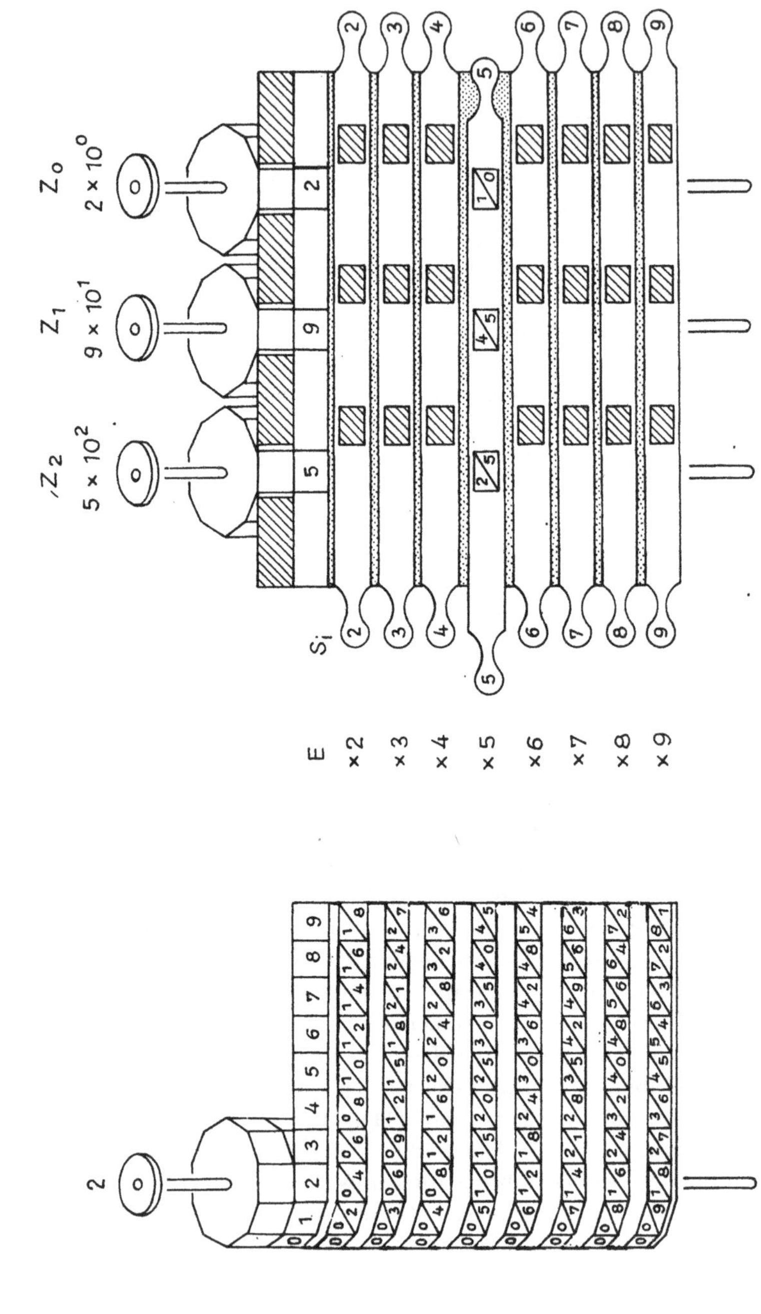

Fig. 2a. Ziffernwalze mit großem 1 × 1, teilweise abgewickelt.

Fig. 2b. Mechanisiertes großes 1 × 1 nach SCHICKARD. Mit den Walzen Z_2, Z_1, Z_0 wurde 592 eingestellt und mit dem Schieber S_5 das jeweil 5-fache der Ziffern von 592 aufgedeckt.

Allerdings gestatteten alle dabei zitierten Quellen, SCHICKARDS Post an KEPLER und an seinen mit dem Bau des Gerätes befaßten Mechaniker, nicht, die Arbeitsweise und den Aufbau des Rechners völlig zu durchschauen. Eine für KEPLER gedachte Beschreibung nahm Bezug auf eine Zeichnung oder Skizze, die jedoch zunächst nicht auffindbar war. Erst etwa 1937 gelang es dem derzeitigen Herausgeber von KEPLERS Schriften, Herrn HAMMER (Mainz), in fast kriminalistischer Kleinarbeit unter dem seit dem Ankauf durch die Zarin KATHARINA II im 18. Jahrhundert in Leningrad aufbewahrten sogenannten Pulkower Nachlaß von KEPLER ein Blatt als die fehlende Skizze zu identifizieren und 1957 zu veröffentlichen [10]. Danach konnte als erster Prof. Baron VON FREYTAG-LÖRINGHOFF, wieder in Tübingen, eine Rekonstruktion der SCHIKKARDschen Maschine vorstellen, der dann weitere in Brüssel, in Paris usw. folgten [8].

Jetzt wurden die Leistungen von SCHICKARD als herausragendem Pionier auch der Rechentechnik breitesten Kreisen bekannt und fanden endlich die Anerkennung und Würdigung, die ihnen gebühren. Jedoch sollte dies immer nur als einer der Beiträge gesehen werden, die dieser umfassend gebildete Wissenschaftler an der Wende zwischen Renaissance und Barock zur Einordnung auch geistiger Prozesse in das Gebiet der (zunächst vorwiegend mechanisch gesehenen) Naturerscheinungen und damit zu einem neuen Weltverständnis erbracht hat.

2. Leibniz' Entwicklungen zur Rechentechnik [23, 41]

2.1. Logische und philosophische Grundtendenzen

Der 1646 in Leipzig geborene Universalgelehrte GOTTFRIED WILHELM LEIBNIZ (Abb. 3) hat in den Jahren von etwa 1670 bis an sein Lebensende 1716 erstmalig die getriebetechnische Ausführung aller vier arithmetischer Grundoperationen systematisch durchdacht. Die Welt verdankt ihm die Darlegung aller später für den Bau von mechanischen Rechenmaschinen hauptsächlich genutzter Arbeitsprinzipien.

Den Anstoß zu diesen Arbeiten erhielt LEIBNIZ nach seinem eigenen Zeugnis durch die Betrachtung eines damals neuen Schrittzählers. Aus dieser Anregung resultiert sein Ringen um die Realisierung des vollständigen arithmetischen Calculus mit mechanischen Mitteln; das entsprach auch seinen allgemeinen Bemühungen um die Schaffung algorithmischer Lösungen möglichst umfassender Aufgabenklassen, die Erfindung des Differential- und Integralkalküls ist dazu sein bekanntestes, aber keineswegs das einzige Ergebnis. Es wird so gleichzeitig die bei SCHICKARD begonnene Entwicklung mechanischer Modelle für geistige Prozesse und die damit verbundene Verallgemeinerung der neuen Naturbetrachtung fortgeführt. Außerdem will LEIBNIZ ein Beispiel für das systematische Erfinden, für das Erarbeiten neuer Ideen geben; 1669 erschien seine Abhandlung über „De arte inveniendi", in der ein Zusammenwirken von analytischen und kombinatorisch-synthetischen Arbeitsschritten dargelegt wird. Es sind Anfänge für die Suche nach Metakalkülen, deren Ergebnisse Handlungsanweisungen, d. h. selbst Kalküle für die Lösung einer Aufgabenklasse, darstellen. Im vorliegenden Falle handelt es sich dabei um eine mechanische Realisierung eines Meta-Algorithmus für alle arithmetischen Grundoperationen. Diese weit in die Zukunft weisenden Ideen gipfelten bei LEIBNIZ bekanntlich in einer „Ars characteristika generalis", einer Begriffsschrift, mit der sich letztlich jede logisch vernüftige Aufgabe beschreiben und kalkülmäßig bearbeiten lassen sollte. Den universellen Anspruch können dabei seine eigenen Worte charakterisieren, wenn er sagt:

„Mein Herr, wozu streiten! Formulieren wir unsere Fragen und dann rechnen wir!"

Dies impliziert das Vertrauen, daß zu jeder sinnvollen Frage eine algorithmische Lösungsmöglichkeit existiert. Bekanntlich hatte auch HILBERT diese Hoffnung noch in den 20er Jahren unseres Jahrhunderts; erst 1931 wurde von dem 1939 wegen der Faschisten aus Österreich emigrierten Mathematiker KURT GÖDEL nachgewiesen, daß zu jedem hinreichend allgemeinen Gedankensystem (schon die elementare Arithmetik ganzer Zahlen gehört dazu) Fragestellungen möglich sind, deren existierende Antworten keineswegs immer durch einen allgemeingültigen Kalkül gefunden werden können. Obwohl demzufolge LEIBNIZ' schöne Hoffnung auf ein universelles problemlösendes Prinzip trügerisch war, haben seine Gedanken und seine partiellen Erfolge bei der Suche danach die Wissenschaft ungemein befruchtet und reichen in ihren Auswirkungen bis in die heutige Zeit: Fachsprachen für engere Problemklassen und deren mathematisch-logische Formalisierungen als fach- oder problemorientierte Programmierungssprachen erweisen sich gerade jetzt immer mehr als Basis einer intelligenten Mensch-Rechner-Kommunikation. Damit wird die Computertechnik zunehmend auch für eine Problemlösung nutzbar gemacht. LEIBNIZ' Überlegungen zu seiner „ars charakteristika" erweisen dabei außerordentliche Aktualität [18].

2.2. Elemente einer 4-Spezies-Rechenmaschine

LEIBNIZ ging unter dem Blickwinkel systematischer Erfinderarbeit von den bereits in algorithmischer Form vorliegenden Handlungsschritten für die Ausführung der arithmetischen Operationen mit Feder und Papier aus und ermittelte zunächst die Bausteine für eine mechanische Ausführung derselben. Das läßt sich unmittelbar nachvollziehen: Analog zu Schickards Überlegungen wird anfangs vom dezimalen Positionssystem der Zahlendarstellung ausgegangen. Demzufolge muß bei der Addition zu jeder einzelnen Ziffernstelle die entsprechende des zweiten Summanden mod 10 hinzugefügt (weitergezählt) und beim eventuellen Überschreiten der 9 die auftretende Zehnerziffer als Übertrag in die nächsthöhere Dezimalstelle eingebracht werden. Für die Ausführung mittels Mechanismen erweisen sich wiederum Zahnräder als geeignete technische Mittel. Im Hinblick auf die Durchführung der Multiplikation (und der Division) sollte jedoch diesmal auch der zweite Summand insgesamt fest einstellbar und für eine wiederholte Addition greifbar bleiben. Dabei dachte Leibniz von vornherein an eine gleichzeitige, parallele Verarbeitung aller Stellen der Summanden (dessen Ziffernräder gemeinsam eine Umdrehung machen). Die Berücksichtigung des Übertrages sollte wohl durch Vorspannung eines Federnsystems — wie erste Skizzen vermuten lassen — jeweils unmittelbar nach dem einen Übertrag auslösenden Ziffernschritt erfolgen. Eine gültige Lösung für ein solches Konzept eines parallelen Addierwerkes gelang dem Erfinder allerdings erst wesentlich später, als er ein neues Verfahren der Zehnerübergabe realisierte. Die Schwierigkeiten wurden zuerst wesentlich unterschätzt.

Die Multiplikation einer Zahl mit einer Dezimalziffer läßt sich durch mehrfache (maximal 9malige) Addition derselben erledigen. Bei einem mehrstelligen Faktor muß diese Addition für jede Ziffer des Multiplikators unter Berücksichtigung einer stellenwertbedingten Verschiebung des Multiplikanden gegenüber dem Resultat ausgeführt werden — Resultatwerk und der eingestellte Multiplikand sind nach Leibniz gegeneinander verschiebbar anzuordnen. Dabei wurde sofort erkannt, daß sich unter eben diesen Voraussetzungen über Komplementzahlen auch die Subtraktion und Division erledigen lassen.

Nach dieser Analyse galt es, folgende Baugruppen zu realisieren:

1. „Zählrädchen“ mit 10 „Raststellungen“ für die Zifferndarstellungen 0, ..., 9 und deren Zusammenfassung zu „Zahlenwerken“ (Zahlenspeichern) für jeweils eine mehrstellige Zahl.
2. Das „Schaltwerk“ (Einstellwerk), aus dem ein Summand wiederholt in ein Resultatwerk hineinaddiert werden kann.
3. Das „Resultatwerk“ (Addierwerk), in das Summanden unter Berücksichtigung der auftretenden Überträge hinzuaddiert werden.
4. Der „Verschiebeschlitten“, der eine Versetzung des Schaltwerkes (Multiplikand) gegenüber dem Resultatwerk und damit eine stellenrichtige Abarbeitung der Ziffern eines Multiplikators ermöglicht.
5. Einen „Zähler“ zur Kontrolle der Anzahl der Additionen, die bei der Abarbeitung einer einzelnen Faktorstelle ausgeführt werden.

Zu jeder dieser Teilaufgaben wurden von LEIBNIZ gültige Lösungen angegeben und in mehreren Maschinenmodellen erprobt. Allerdings ließen sich alle diese Probleme nicht im ersten Ansturm bewältigen. Besonders die Ausführung der Ziffernüberträge in einem Paralleladdierwerk erwies sich als außerordentlich kritisch. Die zunächst skizzierten Versuche mit Vorspannung von Federsystemen dürften bei etwas weiter „durchlaufenden" Zehnerüberträgen niemals funktionsfähig gewesen sein. Erst die Trennung der Addition in zwei Phasen brachte Erfolg. (Vgl. Fig. 3, in der dieses Arbeitsprinzip in zeichnerisch vereinfachter, eingeebneter Form dargestellt ist.) Ein Übertrag aus der i-ten Stelle löst zunächst nur Vorbereitungshebel V_i aus, die nach der Addition in allen Einzelstellen (ohne Übertrag, d. h. mod 10) in einem zweiten Schritt nacheinander, seriell in der Folge $V_0, V_1, V_2, \ldots$ ggf. die Resultatstellen $R_1, R_2, \ldots$ als Überträge weiterzuschalten gestatten. Diese Erfindung kann erst für nach 1682 als sicher nachgewiesen werden [41]. Sie wurde dann in der letzten und erhaltenen Leibniz-Maschine eingebaut — das Gerät (s. Bild 4) selbst bildet heute ein Prunkstück in der Niedersäschsischen Landesbibliothek in Hannover. (Wegen fehlerhafter Dimensionierungen konnte jedoch auch in diesem Gerät noch keine sichere automatische Funktion des Übertragungsmechanismus erreicht werden.)

2.3. *Schaltwerke*

Im weiteren seien nur die von LEIBNIZ gefundenen Anordnungen für das Schaltwerk genauer betrachtet, da selbige die wesentlichsten Unterschiede der verschiedenen später gefertigten Rechenmaschinen bedingen. Gleichzeitig wird damit wiederum eine typische Gedankenkette der Erfindungen demonstriert, die zudem auch eine spätere Klassifizierung der Mechanismen vorbereitet (vgl. Abschnitt 9).

Bereits bei LEIBNIZ' frühesten Überlegungen wird nach Untersuchungen von WILBERG [41] (s. dort S. 12—13) ein Prinzip beschrieben, das im folgenden als „Längenwandler" (eine Variante als „Winkelwandler") verstanden werden soll. Hierbei sind mittels Rasten den Ziffern 0, ..., 9 (selten mehr) zugeordnete Längeneinheiten einstellbar, die dann als entsprechende Drehung direkt und auch wiederholt abgegriffen werden können.[6] Dabei kann an Stelle einer Längen- auch eine Winkeleinstellung bei kreisförmiger Anordnung treten. Die Fig. 4a zeigt eine mögliche Variante dieses Prinzips. LEIBNIZ beschränkt sich dabei auf

[6] Auch bei anderen Prinzipien wird den Ziffern zunächst eine Längen- oder Winkelgröße zugeordnet, mit der jedoch dann ein Getriebe eingestellt wird. Erst von letzterem erfolgt dort der Abgriff des Zahlenwertes, während er beim „Längenwandler" unmittelbar vom Einstellhebel abgenommen wird.

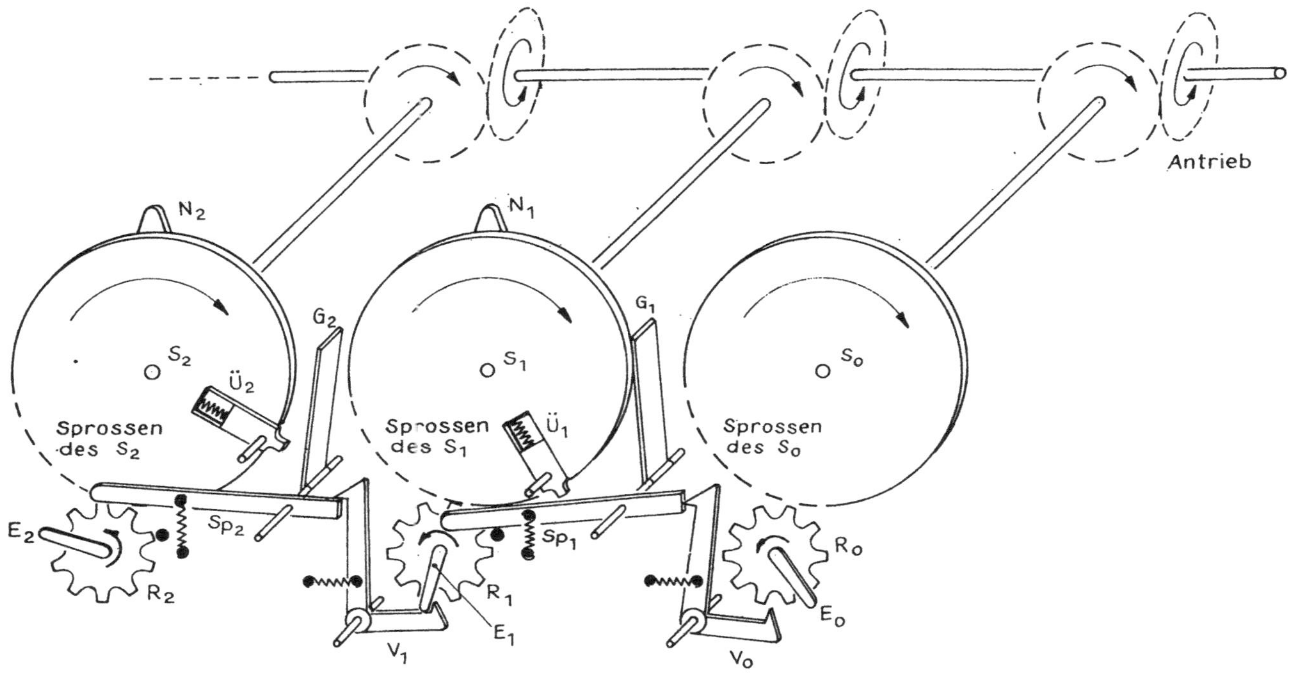

Fig. 3. Prinzip der (seriellen) Übertragsbildung bei paralleler Addition. Die Sprossenräder S_0, S_1, S_2 sind nicht voll ausgeführt — vgl. Fig. 5. Beim Überlauf der Summenziffer R_i über „9" wird vom „Einzahn" E_i über den Vorbereitungshebel V_i die Sperre Sp_{i+1} freigegeben, so daß der Übertragungszahn $Ü_{i+1}$ bei der weiteren Drehung von S_{i+1} das Summenrad R_{i+1} um eine „1" weiterdreht. (Ohne Freigabe von Sp_{i+1} wird $Ü_{i+1}$ hereingedrückt und unwirksam.) Über N_i, G_i werden Sp_i und V_{i-1} in die Ausgangslage gebracht.

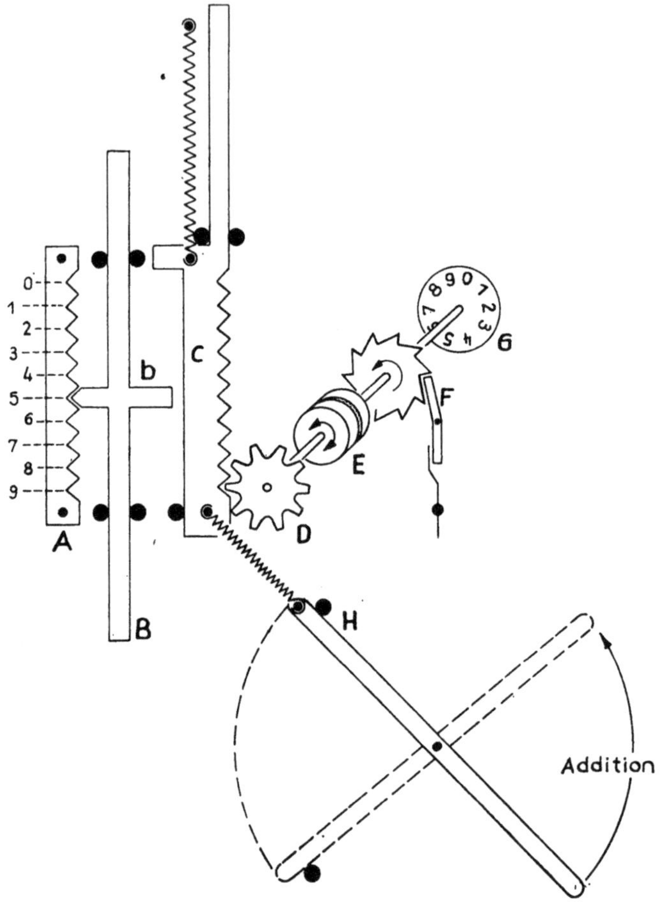

Fig. 4a. „Längenwandler“ ohne Schaltklinke. Durch *B* wird ein Anschlag *b* entsprechend der darzustellenden Ziffer eingestellt, der bei Betätigung des Additionshebels *H* das Ziffernrad *G* entsprechend weiterzuschalten gestattet. *E* ist eine Kupplung, die zusammen mit der Rast jeder *F* nur eine Vorwärtsdrehung von *G* erlaubt.

eine verbale (in lateinischer Sprache) und ohne Zeichnung nicht sehr klare Darlegung; ausgeführt wurde danach sicher kein Gerät.

Anschließend werden Möglichkeiten durchdacht, die Räder mit einer einstellbaren Anzahl wirkender Zähne betreffen. Nach neueren Feststellungen [20] dürfte das „Sprossenrad“, bei dem entsprechend dem darzustellenden Ziffernwert durch einen Hebel 0 bis 9 Zähne ausgestellt werden können, die erste Frucht des Nachdenkens gewesen sein. Dabei wird in einer Skizze seiner Hand-

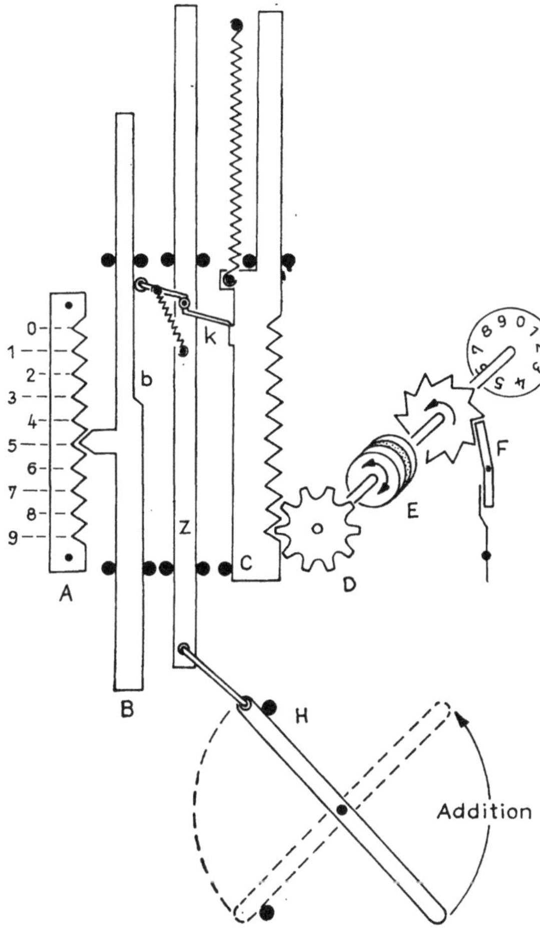

Fig. 4b. „Längenwandler" mit Schaltklinke — vgl. Fig. 4a. Im Gegensatz zu Fig. 4a blockiert der eingestellte Ziffernwert den Additionshebel *H* nicht mehr, dafür wird die Mitnehmer-„Klinke" *k* entsprechend der mit *B*, *b* eingestellten Ziffer ausgerastet.

schriften eine typisch mathematische Lösung der technischen Ausführung offensichtlich sehr liebevoll dargelegt: Leibniz mechanisiert eine gedankliche Implikationskette, bei der ein herausgestellter Zahn auch jeweils seinen Vorgänger und damit alle vorangehenden Zähne festhält [19, 20]. Obwohl das heute kaum noch überprüfbar erscheint, so besteht doch eine gewisse Wahrscheinlichkeit, daß die im Frühjahr 1673 von Leibniz der britischen Royal Society in London vorgestellte und noch unvollkommene Rechenmaschine

Sprossenräder benutzte. Im Zusammenhang mit der Arbeit [19] wurde auf jeden Fall durch Aufbau eines betriebssicheren Modell-Sprossenrades die Tragfähigkeit des Leibnizschen Vorschlages nachgewiesen. Eine später in zahlreichen Fabrikaten benutzte Ausführung des Sprossenrades zeigt Fig. 5.

Als Variante des gleichen Prinzips wurde schließlich die „Staffelwalze" mit 9 Zahnrippen unterschiedlicher, gestaffelter Länge und einem verschieblichen Abtriebszahnrad entwickelt. Dabei werden durch Einstellung des Abtriebs

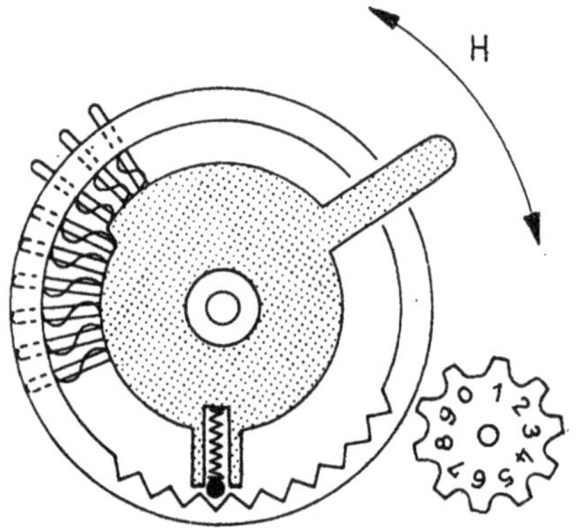

Fig. 5. Ein Sprossenrad nach dem Patent des Schweden ODHNER 1876. Drei Zähne sind mittels Hebel H ausgestellt.

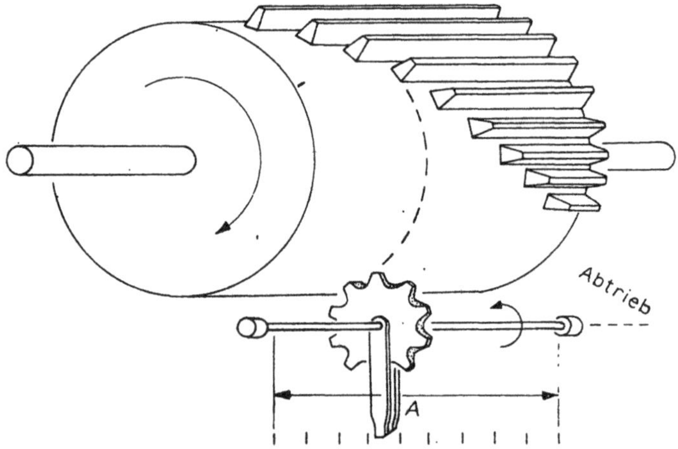

Fig. 6. Die Staffelwalze. Durch Positionierung des Abtriebes $A = 4$ kommen in der Darstellung 4 Zähne der Walze zur Wirkung.

entsprechend der gewünschten Ziffer 0 bis 9 ebensoviele Zähne der Staffelwalze zur Wirkung gebracht (s. Fig. 6). Das Sprossenrad und die Staffelwalze entsprechen sich damit komplementär: verstellbare Zahnstücke bei festem Abtrieb werden durch feste Zahnrippen und Verstellbaren Abtrieb ersetzt.

Von LEIBNIZ wurde die Staffelwalze zumindest in seiner letzten, noch heute erhaltenen Maschine benutzt und technisch zur Reife entwickelt. Das gilt auch für die anderen zuvor in 2.2. aufgezählten Baugruppen — lediglich bei der Ausführung des Übertrages konnten die aufgetretenen Schwierigkeiten nicht endgültig beseitigt werden [23] — trotz der 20.000 Taler, die insgesamt dabei verbraucht wurden. Damals war das eine ungeheuere Summe, wo er doch als herzoglicher Hofrat nur mit einer Jahres-„Pension“ von 600 Talern bedacht wurde.

2.4. Das Dualzahlsystem

Als Mathematiker und geistvoller Analytiker hat LEIBNIZ natürlich auch die logischen und zahlentheoretischen Grundlagen seines Rechengerätes gründlich durchleuchtet. Das Problem der Zahlendarstellung führte ihn dabei zu den Dualzahlen, bei denen mit der 2 die kleinstmögliche Basis der Positionsschreibweise erreicht wird. Die Rechnungen werden damit ideal einfach. Die gründliche Kenntnis der zeitgenössischen Literatur ließ LEIBNIZ auch feststellen, daß die Priorität für diese Entdeckung wohl den chinesischen Mathematikern gebührt.

Viele der Leibniz-Biographen und Kommentatoren haben jedoch übersehen, daß er auch eine Beschreibung (vom 15. 3. 1679) eines originellen 4-Spezies-Rechners auf Dualzahlbasis hinterließ. Hierauf hat Prof. v. MACKENSEN erst vor wenigen Jahren aufmerksam gemacht und dazu auch ein einfaches Demonstrationsmodell nach der aufgefundenen Unterweisung angefertigt [25]. LEIBNIZ selbst war Realist genug, um zu erkennen, daß bei den damaligen Mitteln das Dualsystem nicht zum praktischen Gebrauch geeignet war. Die Umsetzung von Zahlendarstellungen mit verschiedener Basis konnte erst mit modernen elektronischen Lösungen hinreichend schnell und billig erledigt werden. Für LEIBNIZ führten die mit dem Dualsystem erhaltenen Erkenntnisse letztlich zu einer neuen Weltsicht. Dabei sind wiederum Verbindungen zu unserer modernen Nachrichten- und Kommunikationstechnik unverkennbar.

2.5. Auswirkungen der Leibnizschen Studien zur Rechenmaschine

Die späteren Arbeiten zur Rechenmaschinenkonstruktion müssen als Vervollkommnung dieser Entwicklung gesehen werden, mit denen schrittweise die Zuverlässigkeit, die Handhabbarkeit und Arbeitsleistung verbessert werden konnten. Außerdem wurden unter möglichen Varianten die fertigungstechnisch einfachsten ausgewählt (so hat LEIBNIZ noch das Schaltwerk gegenüber dem Resultatwerk und die Staffelwalzen gegenüber dem jeweiligen Abtrieb verschiebbar angeordnet, während sich in der späteren Praxis gerade die umgekehrten Anordnungen durchsetzten). Obwohl die Arbeiten von LEIBNIZ an einer echten 4-Spezies-Rechenmaschine zur Durchführung aller arithmetischer Operationen in der Zeit des großen Aufschwungs der Naturwissenschaften vielfach beachtet wurden, gab es auch kritische Stimmen:

Vier Monate nach der Vorführung seiner Rechenmaschine 1673 vor der Royal Society in London, die auch LEIBNIZ' Aufnahme in diese führende Gelehrten-Gesellschaft der damaligen Zeit bewirkte, erfolgte eine Reaktion. Der bedeutende englische Naturwissenschaftler ROBERT HOOKE (1635—1704), an den auch heute noch die Bezeichnung des Hookeschen Gesetzes für die Proportionalität zwischen Dehnung und Spannung in der Mechanik erinnert, gab folgendes ebenda zu Protokoll [4]:

1. Die Addition und Subtraktion wird am zweckmäßigsten mit Schreibzeug und Papier erledigt, das ist schneller und sicherer als mit jeglichem Instrument.
2. Potenz- und Wurzelberechnungen werden mit Hilfe der Babingtonschen Tafeln ausgeführt.
3. Zur Multiplikation und Division bedient man sich der aus NEPERS Rhadologie bekannten Rechenstäbchen (auch die von Mons. PETIT vorgeschlagene Anordnung auf Walzen ist unzweckmäßig).

Die getriebetechnische Lösung der Aufgabe durch LEIBNIZ erscheint danach als überflüssige Spielerei. Aber das ist auch nur eines der Fehlurteile, die bei der Entwicklung des Computers bis in die jüngste Zeit immer wieder zu verzeichnen waren. Zudem erinnert der Vorfall auch etwas an den „Fuchs mit den sauren Trauben, die er nicht mag", wenn ebendieser, auch sonst sehr streitbare Herr HOOKE sogleich anschließend verspricht: bald eine Maschine mit nur einem Zehntel des Aufwandes von der des „German" (gemeint ist LEIBNIZ), jedoch 20fach höherer Leistung vorführen zu wollen, ein Versprechen, das nie eingelöst wurde .... Aber es ist wohl angemessen, hier etwas Nachsicht walten zu lassen; auch LEIBNIZ hat bei der Vorführung seiner gewiß noch recht unvollkommenen Maschinenmodelle mancherlei Zusagen und Hoffnungen gemacht. Sogar in unserer Pionierzeit war der „Weg zum Computer mit Versprechungen gepflastert", die oft genug wieder zu revidieren waren!

Am Rande kann angemerkt werden, daß die HOOKEschen Aussagen wahrscheinlich machen, daß die Kenntnis über die SCHICKARDschen Entwicklungen damals nicht bis über den Ärmelkanal gedrungen war.

3. Das erste Buch zur Rechentechnik entsteht in Leipzig [12, 22]

An der Wende des 17. zum 18. Jahrhundert erreichen die Handwerkskunst und Hilfsmittel der Manufaktur in Mitteleuropa einen Stand, der eine systematische Darstellung der „technischen Mechanik" notwendig machte und herausforderte. Hierbei wurde von dem aus Planitz, damals ein Vorort von Zwickau in Sachsen, stammenden JACOB LEUPOLD (1674–1727, s. Abb. 5) ein hervorragender Beitrag geleistet. LEUPOLD hatte sich nach Studien in Jena, Wittenberg und Leipzig schließlich in Leipzig niedergelassen. Zunächst erteilte er Privatunterweisungen in Mathematik, Mechanik und insbesondere in der Zivilbaukunst, wobei er sich selbstgefertigter physikalischer Demonstrationsmodelle bediente. Darauf aufbauend eröffnete er etwa 1699 eine eigene Werkstatt, die er bald als seine „Mechanische Fabrique" für physikalisches Gerät bezeichnete. Damit trug er nicht unwesentlich zur Herausbildung einer leistungsfähigen Experimentalphysik sowohl in Leipzig als auch weit darüber hinaus bei. Vakuum- und Wasserpumpen eigener Konstruktion, Hebezeuge und Getriebe, Zeichen- und Meßgeräte, Waagen sowie mathematische Instrumente sind Angebote aus seinem Produktionskatalog.

Wie zuvor beispielsweise 1588 der Italiener AGOSTINO RAMELLI [32] oder 1571 der Franzose J. BESSON [3] faßte er das Wissen seiner Zeit auf dem Gebiete der praktischen Mechanik und Technik in einem breit angelegten Theatrum Machinarum in 12 Bänden zusammen, die ab 1724 in Leipzig im Verlag JOH. FRIEDR. GLEDITSCHENS seel. Sohn, gedr. G. CHRISTOPH ZUNKEL herausgebracht wurden [21]. Dieses Werk hebt sich von den Büchern analoger Zielstellung jedoch dadurch deutlich ab, als LEUPOLD erstmals bemüht war, Grundelemente der Technik als solche zu separieren, ausführlich zu beschreiben und ggf. theoretisch zu begründen. Dabei war er stets um saubere zeichnerische Darstellungen bemüht, bei denen auch auf Fehler anderer Autoren aufmerksam gemacht wurde. Damit werden Schritte zur Schaffung einer mechanischen Technologie gegangen, die ihrer Zeit weit voraus eilten. Obwohl sich das Buch vor allem an Praktiker wandte und die damals verfügbaren theoretischen Erkenntnisse nur in bescheidenem Umfang Berücksichtigung fanden, so hat der Autor doch bereits bemerkenswert deutlich vor technischem Wunderglauben gewarnt und für mancherlei „Perpetuum Mobile" den Zirkelschluß der „Erfindung" aufgezeigt. Vor Kenntnis der Energieerhaltungssätze wurde damit wichtige Aufklärungsarbeit geleistet.

Die Leistungen J. LEUPOLDS fanden weltweit und schließlich auch in seinem Vaterland Sachsen Anerkennung und brachten dem „Mathematico und Mechanico" verschiedene Ämter und Mitgliedschaften in wissenschaftlichen Gesellschaften ein als „Königl. Pohln. u. Chur = Fürstl. Sächsisch. Rath und Berg =

Commissario, der Königl. Preuß. wie auch Sächs. und Forlisischen Societät Mittglied". Auch war er Königlich Preußischer Commerzienrat.

Für die Rechentechnik war der 11. Band des Theatrum Machinarum, das Theatrum Arithmetico Geometricum von LEUPOLD das erste Buch zu diesem Gegenstand überhaupt [22]. Die Ziele und die Bedeutung dieses Werkes, das 1727 bereits nach dem Ableben des Verfassers herauskam, wurde von ihm selbst in der Einleitung in Worte gefaßt, die auch heute noch gültig sind:

„Die Arithmetic und Geometrie sind nicht nur diejenigen Ordnungen, worauf das kostbahrste Gebäude der ansehnlichsten Wissenschaften, ich meine die Mathematische und Physicalische, gegründet, sondern diese sind auch so gar das Band der gantzen Natur selbst, unmaßen ja darinnen alles nach seiner Zahl und Maaß aufgelöset und eben dadurch oft das verborgenste entdecket werden kann.“

Während die anderen Abschnitte des Theatrums Arithmetico Geometricum der Technik des Zahlenrechnens und geometrischer Hilfsmittel dazu gewidmet sind, befaßt sich ein Hauptteil mit der Darstellung mechanischer Rechenmaschinen. Während SCHICKARD nicht einmal Erwähnung findet, werden die LEIBNIZschen Ergebnisse kurz referiert und weitere Entwicklungen von POLENI und ihm selbst ausführlich dargelegt.

3.1. Polenis Rechenuhr

Große Aufmerksamkeit erfährt die Beschreibung einer „Rechenuhr“ des Mathematik-Professors GIOVANNI POLENI in Padua (1683—1761). Diese war aus Holz gefertigt, 1709 in einer in Venedig erschienenen Schrift vorgestellt, aber später wegen nicht befriedigender Arbeit von ihm selbst zerstört worden. Sicher hatte POLENI bereits Kenntnis von LEIBNIZ' Bemühungen um den Bau von Rechenmaschinen, trotzdem verdienen seine Beiträge zur weiteren Entwicklung hohe Anerkennung. Er realisiert erstmalig ein Schaltwerk nach dem Prinzip des Sprossenrades, wobei die Zähne im Gegensatz zum LEIBNIZschen Vorschlag nicht radial ausgestellt, sondern von einer Seitenlage in Arbeitsstellung eingeklappt wurden. Außerdem sind die zu je einer Ziffer gehörenden, einstellbaren Zahnkränze neben- und untereinander gestaffelt[7] auf einem zentralen Walzenkörper des Rechners angebracht, der damit alle Stellen eines Summanden bzw. des Multiplikanden bei der Produktbildung enthält. Darum herum ist schließlich das weitere Räderwerk der Maschine gruppiert.

Durch die hintereinander angeordneten Ziffern des Summanden werden zugeordnete Zahnräder zeitlich nacheinander und mit einem gewissen zeitlichen Abstand zueinander angetrieben. Im Addierwerk ist damit jeweils immer nur eine Ziffernstelle aktiv, so daß die SCHICKARDsche serielle Additionstechnik mit

[7] Aus diesem Grunde wurde POLENIS Rechner manchmal fälschlicherweise als Staffelwalzenmaschine einklassifiziert [25].

einem vergleichsweise einfachen Übertragungsmechanismus zur Anwendung kommen konnte. Als Antrieb war ein Gewichtsaufzug vorgesehen.

Tatsächlich sollte dieses Arbeitsprinzip auch mit der damaligen Technik recht gut realisierbar sein — leider verfügte POLENI selbst offensichtlich nicht über einen kongenialen Mechaniker — vgl. aber Abschnitt 4 [28].

3.2. Das Prinzip der Schaltklinke

Auch LEUPOLD selbst hat sich mit dem Entwurf und nach eigenen Angaben auch mit dem Bau zumindest von Teilen einer Rechenmaschine befaßt. In seinem Buch findet sich eine Beschreibung und Zeichnung des Ergebnisses. Als Schaltwerk wird eine kreisförmig gebogene Abart des Längenwandlungsprinzips (vgl. Fig. 4b) mit Schaltklinke benutzt. Gegenüber der Variante entsprechend Fig. 4a erlaubt die Schaltklinke eine stoßfreiere Arbeit, bei der in kreisförmiger Anordnung zudem Umkehrpunkte vermieden werden. Darüber hinaus kommt LEUPOLD auf der kreisförmigen Bahn mit nur einer Klinke aus, die durch Stellmechanismen beim Passieren der Ziffernräder des Summanden, deren Ziffernwert entsprechend nacheinander zur Wirkung gebracht wird. Gleichzeitig löst dies den seriellen Additionsvorgang im Resultatwerk aus. Das Gerät ist demzufolge dosenförmig gestaltet und wird durch eine zentrale Handkurbel angetrieben. Das ebenfalls kreisförmig angeordnete Einstellwerk ist zur Stellenverschiebung um die Mittelachse der Dose drehbar.[8]

Auch wenn im LEUPOLDschen Werk der Name SCHICKARD fehlt, sei es, weil er auch die von HANSCH (vgl. Abschnitt 1.2) 1718 herausgegebenen Briefe an KEPLER nicht kannte, sei es, weil dort eine verständliche Beschreibung der Maschine vermißt wurde, so war auf jeden Fall mit dem Theatrum Arithmetico Geometricum der damalige Stand der Rechenmechanismen dokumentiert. Davon wurde in der Folge immer ausgegangen, und das Interesse an rechnenden Maschinen sollte nicht mehr abklingen.

4. Die ersten voll funktionsfähigen Rechenmaschinen

4.1. Die Additions-/Subtraktionsmaschine von Gersten 1722 [19]

Das Längenwandlungsprinzip wurde wohl erstmalig erfolgreich vom Gießener Professor der Mathematik GERSTEN im Jahre 1722 in einer Additions- und Subtraktionsmaschine ausgenutzt. Dabei gehört das Originalgerät, das im Hes-

[8] Nach einer persönlichen Mitteilung von Herrn PALAND, der im Braunschweiger Landesmuseum eine umfangreiche Rechenmaschinensammlung betreut, wurden beim Nachbau der Maschine einige Konstruktionsfehler (Versehen des Zeichners?) festgestellt, die aber leicht zu beseitigen waren.

sischen Landesmuseum in Darmstadt aufbewahrt wurde [43], zu den Verlusten des 2. Weltkrieges. Glücklicherweise wurde von Dr. Franz Trinks, dem Begründer der Brunsviga-Rechenmaschinenfabrikation in Braunschweig in den 20er Jahren unseres Jahrhunderts ein Nachbau veranlaßt, und dieser findet sich heute in der Rechenmaschinenabteilung des Landesmueseums in Braunschweig. Daraus ist ersichtlich, daß es sich um ein durchaus gebrauchsfähiges, robustes und für die Fertigung geeignetes Gerät handelt [31]. Es bleibt nur zu bedauern, daß sich dafür damals kein Produzent gefunden hat.

Später benutzten zahlreiche Additionsmaschinen gerade dieses Prinzip, z. B. das bekannte, vielfach patentierte Gerät von W. S. Burroughs (USA) mit Volltastatur und Druck (1888) [36], die druckende Astra Addiermaschine 1922 von John E. Greve (Chemnitz) und die berühmte 4-Spezies-Proportionalhebel-Rechenmaschine Mercedes (Zella-Mehlis) von Christel Hamann 1905 [14, 29]. In der Astra-Maschine wurde ein Einstellwagen verwendet, auf dem die Längenbegrenzung ein pro Ziffer herausgeschobener Stift bewirkte. Beim Proportionalhebelmechanismus im Mercedes-Rechner wurden durch einen schräg laufenden Antriebshebel 9 Zahnstangen um jeweils eine bis neun Längeneinheiten mitgenommen; mit dort durch Tasten eingerasteten Zahnrädern konnten den gewünschten Ziffern entsprechende Drehwinkel abgenommen werden. Beide Funktionsweisen stellten zu ihrer Zeit wesentliche neue Konstruktionselemente dar [26, 42].

4.2. Antonius Braun baut gebrauchsfähige 4-Spezies-Rechner [28, 30].

Die ersten, noch heute funktionierenden Rechenmaschinen für alle vier arithmetischen Rechenarten sind „Ihrer Röm. Kay. und Kön. Cathol. May. Hof-Opticus und Mechanico-Mathematicus Antonius Braun“ (1685/86—1728) zu verdanken. Diesem Meister seines Faches wird in der Technikgeschichte sicher noch zu wenig Beachtung geschenkt; obwohl der Name in der Literatur genannt wird, konnte kein Bild von ihm aufgefunden werden.

Es ist sehr wahrscheinlich, daß der junge Braun bei einem verbürgten Aufenthalt in Mailand die Arbeiten Polenis in Padua an dessen Rechenmaschine kennengelernt hat. Nach diesen Grundideen fertigte Antonius Braun 1727 (Fertigstellung) einen dosenförmigen 4-Spezies-Kalkulator, vornehmlich aus Messingbronze. Das Äußere wurde feuerversilbert und -vergoldet und durch den Künstler Johann Baptist Straub [44] reich verziert und es darf wohl angenommen werden, daß sich der Verfertiger damit das Wohlwollen und Privilegien des Kaiserhauses erwerben wollte und konnte.

Das Werk ist nach seinem Vorbild eine Maschine mit zentral angeordnetem Sprossenrad, das hinter- und untereinandergestaffelt alle Stellen eines Summanden aufnimmt. Die Addition erfolgt wieder seriell, der Antrieb wird mittels Kurbel am Sprossenrad bewirkt. Letzteres ist auf seiner Achse verschieblich und ermöglicht so bei der Multiplikation das stellenrichtige Verarbeiten des Multiplikanden (△ Schaltschlitten!). Das Gerät selbst stellt heute eines der wertvollsten Stücke der Rechenmaschinenabteilung des Wiener Technischen Museums für Industrie und Gewerbe dar und zeugt nachdrücklich sowohl für das mathematische und technische Verständnis sowie die hohe Handwerkskunst seines Verfertigers. Trotz der gleichen Grundkonzeption wie bei POLENI waren entscheidende selbständig gefundene Verbesserungen notwendig, die überhaupt erst eine sichere Funktion ermöglichten.

Sicherlich unmittelbar danach, 1727—1728, baute ANTONIUS BRAUN eine zweite Maschine. Nach den Untersuchungen von PALAND [30] handelt es sich um eine Schaltklinkenmaschine in Dosenform und mit seriellem Additionswerk nach den Entwürfen von LEUPOLD in dessen Theatrum Arithmetico-Geometricum, das eben 1727 bekannt wurde. Wiederum findet BRAUN dazu Verbesserungen und Vereinfachungen, die eine wirklich gute Funktionsfähigkeit der Maschine sicherten.

Das Gerät kam nach einigen Zwischenstationen in das Deutsche Museum für Naturwissenschaft und Technik in München und wird dort einen Ehrenplatz in der neugestalteten Sammlung zur Computertechnik erhalten. Dieses Rechengerät weist deutliche Spuren eines häufigen Gebrauchs auf; daraus wurde gelegentlich auf ein höheres Alter als bei der erstgenannten BRAUNschen Maschine geschlossen [44]. Die hier gegenübergestellten Abhängigkeiten der Konstruktionen[9] und auch nach der äußeren Aufmachung der ersten 1727 signierten Maschine erscheint eindeutig, daß diese als Repräsentationsstück sowohl des Verfertigers wie auch des Empfängers anzusehen ist und kaum in praktischen Gebrauch gekommen sein dürfte. Das zweite Gerät hat ein wesentlich schlichters Gewand, ist ungleich handlicher und wurde offensichtlich in der Praxis verwendet.

[9] Die Schaltklinke in der bei LEUPOLD vorliegenden Form ist derart spezifisch, daß eine gleichzeitige, unabhängige Erfindung kaum glaublich erscheint. Sofern keine frühere persönliche Verbindung zwischen LEUPOLD und BRAUN nachweisbar ist, muß BRAUN auf der Publikation von LEUPOLD 1727 aufgebaut haben.

Nach einer Mitteilung von Herrn Dr. J. FISCHER, Dtsch. Museum für Naturwissenschaften und Technik in München, konnte er inzwischen ermitteln, daß diese Maschine nach dem Tode von A. BRAUN 1728 durch den französischen Mechaniker PHILIPPE VAYRINGE (1684—1746) etwa 1730 endgültig fertiggestellt wurde. Das entspricht auch einer Signatur auf dem Gerät: A. BRAUN invenit, VAYRINGE fecit. Die in [44] vorgeschlagene Lesung von VAYRINGE als lateinische Form des Wiener Vororts Währingen ist nicht stichhaltig.

4.3. Die Staffelwalzenmaschine von Philipp Matthäus Hahn (1739–1790) [2, 26, 42]

Die Persönlichkeit des pietistischen Pfarrers P. M. Hahn (s. Abb. 6) zunächst in Kornwestheim in Württemberg ist gegenüber Antonius Braun ungleich bekannter und wohl auch wegen seiner vielseitigen Leistungen noch bedeutender. Als recht streitbarer geistlicher Herr vertrat er auch gegenüber seinem Konsistorialrat in Stuttgart recht eigenwillige theologische Auffassungen, war aber darüber hinaus ein ausgezeichneter Ingenieur und Techniker, der sich erfolgreich mit der Herstellung von Uhren, aber auch mit der Meß- und Wägetechnik sowie anderem physikalischen Gerät befaßte. Er gilt in seinem Württemberger Land als Begründer der Feinwerktechnik und der Waagenindustrie, und sein Andenken wurde sorgfältig gewahrt. Dabei liefert sein erhaltenes Tagebuch auch tiefe Einblicke in die geistigen Strömungen seiner Zeit und interessante Motivierungen für die Bemühungen um den Bau von Rechenmaschinen.

Zum geistigen Rüstzeug Hahns gehörte neben seinen eigenen Erkenntnissen bei handwerklicher Tätigkeit (wobei er als „Ingenieur" Gehilfen anleitete) auch Leupolds Theatrum Mechanicum und insbesondere auch der letzte Band, das Theatrum Arithmetico-Geometricum. Hahns Rechengerät erhielt runde Dosenform mit einem am äußeren Rand der Maschine angeordneten, festen Staffelwalzen-Stellwerk. Die zentrale Antriebskurbel trägt nur ein Zahnsegment, das eine zeitlich aufeinanderfolgende Betätigung der Ziffern des Stellwerkes bewirkt. Damit wird zwangslos eine serielle Addition in das stellenrichtig verdrehbare, innen gelegene Summenwerk ermöglicht. Der Übertragungsmechanismus ist prinzipiell analog zu Fig. 1a, b ausgebildet. Das Äußere der 1774 fertiggestellten Maschine, aber nur dieses, entspricht etwa der zweiten Braunschen Ausführung.

Damit war auch das letzte von Leibniz vorgestellte Arbeitsprinzip der Staffelwalze in einer funktionsfähigen Maschine ausgenutzt — allerdings immer noch in Verbindung mit einer seriell ablaufenden Addition, die bei der Multiplikation und Division durch das zeitliche Hintereinander aller Stellen zu einer störenden Verlangsamung der Rechnung führen mußte.

Die Motivation zum Bau von Rechenmaschinen kam in Verbindung mit Hahns Beruf — der sehr wohl als Berufung verstanden wurde — und seiner Liebe zu mechanischen Arbeiten — ohne welche er niemals zu den erreichten Leistungen fähig gewesen wäre — recht deutlich aus einer Tagebuchnotiz vom 10. 8. 1773 abgeleitet werden. Er schreibt:

„*Was Rechenmaschinen, was astronomische Maschinen, das ist Dreck! Jedoch um Ruhm und Ehre zum Eingang und Ausbreitung des Evangelii zu erlangen, will ich die Last noch weiter tragen.*"

Damals empfanden aufgeschlossene Menschen offensichtlich, daß mit der Rechenmaschine ein Einbruch in neue, geistige Gefilde erfolge — und der missionsbeflissene Pietist wollte das für seinen Auftrag in einer Nachfolge Jesu ausnutzen. Andererseits waren zwischen seiner Berufung als Seelsorger und seinem „Nebenberuf" als begnadeter Ingenieur, dessen Gedanken hierdurch sehr oft ausgefüllt sein mußten, Konflikte unvermeidlich; Hahns Leistungen auf technischem Gebiet sind allein bereits als reiches Lebenswerk zu werten. So sollten Stoßseufzer wie zuvor ihm selbst, aber vielleicht auch dem vorgesetzten geistlichen Konsistorium versichern, daß er alles doch nur zum Lobe Gottes ins Werk setzte. Diese Interpretation wird dabei auch von weiteren Tagebuchnotizen durchaus unterstrichen [5, 7, 27].[10]

5. Die Thomassche Rechenmaschine in Serienfertigung

Der nächste und für die praktische, breite Anwendung der Rechenmaschine entscheidende Schritt wurde in Frankreich von CHARLES XAVIER THOMAS aus Kolmar im Elsaß (1785—1870) gegangen. Als Begründer und Direktor zweier Versicherungsunternehmen erkannte er die Vorteile einer maschinellen Ausführung der umfangreichen Rechenarbeiten in seiner Branche. Möglicherweise war er sogar mit der Familie HAHN bekannt und sollte auch dessen oder ein späteres, analoges Rechengerät studiert haben. Dabei werden ihm als Anwender dessen Nachteile nicht entgangen sein: ein durch die serielle Ausführung der Addition großer Zeitbedarf, da sonst durch „Überschleudern" der Zählrädchen leicht Fehler auftreten konnten. Dieser Übelstand war 1784 von dem Darmstädter Ingenieur-Hauptmann I. H. MÜLLER in einer Maschine nach dem HAHNschen Prinzip durch Einbau von Sperrgetrieben gemildert, aber nicht beseitigt worden. Dabei wurden alle Zählrädchen möglichst lange in ihren Ruhebereichen festgehalten und nochmals exakt fixiert [6]. Gewiß kannte THOMAS auch das Übersichtswerk zur Rechentechnik von LEUPOLD, das 1774 bereits in der 2. Auflage erschienen war. Es gehörte damals immer noch zum Stand der Technik.

Nach gründlichen Studien erwarb THOMAS 1818 ein erstes Patent für eine Staffelwalzenmaschine mit einem funktionsfähigen parallelen Addierwerk, bei dem früher mit der Ausführung des Übertrages verbundene Schwierigkeiten überwunden werden konnten — gerade so, wie es sich Leibniz gedacht hatte

[10] Herrn Prof. J. W. SCHMIDT aus Frankfurt a. M. verdanke ich eine Liste entsprechen der Zitate aus HAHNS Tagebüchern und auch reiches Quellenmaterial.

(vgl. hierzu Abschnitt 2.2, Fig. 3 und [6, 35]).[11] Bei G. DIETZSCHOLD (vgl. im folgenden Abschnitt 7) heißt es in seiner 1881 geschriebenen Broschüre dazu [6]:

„*Die vielseitigen Beziehungen des Erfinders zu den ersten Technikern und Gelehrten seiner Zeit, wie auch die bedeutenden Mittel, welche ihm zur Verfügung standen, mußten im Laufe der Jahre eine Anordnung schaffen, an der nur schwer eine Verbesserung zu entdecken ist.*"

1820 begann die Produktion des Arithmometer von THOMAS. Es realisierte im Grundsätzlichen genau die von LEIBNIZ konzipierte und in mehreren Versuchsmodellen gebaute Staffelwalzenmaschine mit parallelem Addierwerk. Allerdings war bei THOMAS im Gegensatz zur LEIBNIZschen Ausführung das Schaltwerk und ebenso die Staffelwalze gestellfest montiert, während die Abtriebsräder der Staffelwalze einstellbar und das Additionsresultatwerk mit einer geführten Schiene, dem „Lineal", von Hand verlegbar angeordnet wurden. Dabei konnten die wesentlichen Teile zur Vorbereitung des Übertrages gleichfalls gestellfest und damit robust eingebaut werden. Durch eine Abwandlung des Maltesergetriebes (Stern und Sektor) wurde ein sicheres Ineinandergreifen aller Zahnräder und damit eine hohe Funktionssicherheit auch bei schnellen Arbeiten erreicht. Nicht zuletzt wurde eine handliche Ausführung der Bedienungselemente für das Einstellen und auch Löschen der Zahlenwerke bedacht. Unabhängig von evtl. vorhandenen Vorbildern wurde damit eine absolut neue Qualität der Maschine erreicht, die ihren Konstrukteur als einen hervorragenden Ingenieur ausweist.

Mit diesem Gerät (vgl. Bild 8) waren tatsächlich erstmalig alle Voraussetzungen für eine größere Verbreitung von Rechenmaschinen und deren Einsatz geschaffen. Bis 1900 wurden in der THOMASschen Fabrik 1500 Exemplare hergestellt und dabei auch ständig Verbesserungen, insbesondere zur Vereinfachung der Handhabung, vorgenommen. Trotzdem hatten es alle diese Pioniere schwer; auch THOMAS mußte seine Maschine zunächst unter dem Selbstkostenpreis verkaufen. Seine Gewinne wurden im Versicherungsgeschäft erzielt, wobei sich seine eigenen Rechenmaschinen als gewiß sehr nützlich erwiesen. Aber auch andere Aussagen konnten nicht gerade ermutigend für eine Produktions-

[11] Gegenüber der Prinziplösung zur Paralleladdition in Fig. 3 werden dabei die Rippen der Staffelwalzen in jeder Stelle möglichst dicht und gleichabständig vor dem jeweiligen Übertragszahn $\ddot{U}_i$ angebracht. Obwohl die Drehung aller Staffelwalzen gleichzeitig (parallel!) abläuft, setzen damit die Additionsvorgänge in den Ziffern ein wenig gegeneinander versetzt ein und bewirken eine gleichmäßigere Belastung der Mechanik. (Zugunsten eines einfacheren Einstellmechanismus (Hebel *H* in Fig. 5) wird bei Sprossenrädern hierauf gewöhnlich verzichtet.)

aufnahme wirken. So wird in einem bekannten Buch von E. SEDLACZEK über Visir- und Recheninstrumente, Wien 1856 (s. dort S. 27, [39]) festgestellt, daß

„Rechenmaschinen stets sehr komplizierte und kostspielige Instrumente sind, welche selten dem wahren Bedürfnisse der Rechnung entsprechen und eher staunenswerte als praktisch vorteilhafte Resultate liefern.“

Fast 200 Jahre nach HOOKEs erstem „Verdammungsurteil“ bez. LEIBNIZ' bahnbrechender Versuche zur Rechentechnik und sogar nach Vorliegen aller Erfahrungen mit ausgezeichneten THOMAS-Arithmometern wurde nur wenig zugelernt. Jedoch ungeachtet dieser und anderer Einschätzungen faszinierte die Rechentechnik immer wieder Ingenieure und Wissenschaftler und zunehmend auch mutige Unternehmer, die das Risiko eines unsicheren Absatzes auf sich zu nehmen wußten. Insbesondere für letztere erschienen die Aussichten auf einen guten Profit deutlich, da die weit entwickelte industrielle Revolution an die Grenzen der Handwerkskunst angekommen war, so daß sie immer mehr auf eine mathematisch-rechnerische Produktionsvorbereitung angewiesen sein würde.

6. Glashütte in Sachsen Mitte des 19. Jahrhunderts

Zum Verständnis der Situation, die vor 110 Jahren in der Kleinstadt Glashütte bei Dresden zur Gründung der ersten Rechenmaschinenfabrik Deutschlands führte, muß die Situation dieser Stadt noch einige Jahrzehnte weiter zurückverfolgt werden. Dabei erweisen sich völlig unerwartet gesellschaftliche Entwicklungen, Einflüsse der Zeitströmungen als wesentlich, die in ihrer Gesamtheit sicher noch einer sorgfältigen Aufbereitung bedürfen [9, 17].

Die Geschichte der erzgebirgischen Kleinstadt Glashütte als Zentrum der Feinmechanik beginnt 1845 eigentlich in Dresden. Der unternehmende Uhrmacher FERDINAND ADOLF LANGE (1815—1875, s. Abb. 9) hatte während seiner Lehrjahre zuvor in Frankreich eine blühende Uhrenindustrie kennengelernt und wollte diese Erfahrungen auch in seiner Heimat verwerten. Er hatte damals in das Geschäft eines renommierten Uhrmachers in Dresden eingeheiratet. Nun suchte und fand LANGE die Unterstützung einiger weitblickender sowie sozial denkender Sächsischer Staatsbeamter. Insbesondere der Name des Geh. Regierungsrates von WEISSENBACH sollte hier genannt werden, der um die Entwicklung der verarmten erzgebirgischen Gebiete besorgt war. Nach dem Niedergang des Silberbergbaues im 18. Jahrhundert auch im Osterzgebirge mußten sich die frei gewordenen Arbeitskräfte mühsam einen Erwerb durch mancherlei Heimarbeiten wie Schnitzkunst und Strohflechterei verschaffen. Unter den verschiedenen Vorschlägen für den Standort einer Uhrenfabrik entschied sich Lange für die Kleinstadt Glashütte nahe der sächsischen Hauptstadt.

1845 begann in seiner Werkstatt in Dresden die Ausbildung von 32 Arbeitern als Stamm-Mannschaft. Daneben mußten gleichzeitig die Konstruktion einer Qualitätsuhr (vgl. Abb. 10), die Herstellung von Meßwerkzeugen, der Entwurf und der Bau von Fertigungsmaschinen in Angriff genommen werden, bevor 1848 der Anlauf der eigentlichen Uhrenproduktion beginnen konnte. Es zeugt dabei nicht nur für ein hervorragendes fachliches Wissen und Können, sondern auch von pädagogischem Geschick und hohen organisatorischen Leistungen, daß es LANGE unter diesen Umständen gelang, innerhalb nur einer Generation in Glashütte eine florierende Uhrenproduktion und eine leistungsfähige mechanische Umwelt zu schaffen. Üblicherweise werden für die Heranbildung von Facharbeitern und Produktionsstätten in verschiedenen Sparten der feinmechanischen Präzisionstechnik zwei oder gar drei Generationen benötigt; F. A. LANGE leistete in diesen Gründerjahren außerordentliches. Dabei hat er auch einen ungewöhnlichen wissenschaftlichen Überblick bewiesen, indem er für seine Konstruktionen das metrische Maßsystem zugrunde legte, welches damals nicht einmal in der fortgeschrittneren französischen Industrie durchgesetzt werden konnte.

Mit diesen Anfängen war in den 70er Jahren des vorigen Jahrhunderts in dem kleinen Erzgebirgsstädtchen Glashütte trotz der nur 1851 Einwohner (im Jahre 1880) der Boden für die Entwicklung anderer feinmechanischer Produktionen vorbereitet. Danach folgten in Deutschland, nach dem deutsch/französischen Krieg 1870/71, sogenannte Gründerjahre, in denen die Industrie einen erneuten Aufschwung nahm, der zahlreiche industrielle Bedürfnisse nach Rechentechnik im Handel und für konstruktive Aufgaben entstehen ließ. Glashütte bot hier die besten technischen Voraussetzungen für eine entsprechende Unternehmerinitiative.

7. Die erste Rechenmaschinenentwicklung in Glashütte

Der Diplom-Maschinenbauingenieur CURT DIETZSCHOLD (1852—1922) hatte sich in Glashütte auf die Getriebetechnik und Uhrenkonstruktion spezialisiert. Etwa 1876 begann er mit der Entwicklung einer Rechenmaschine eigener Konzeption, die er ein Jahr später in der Werkstatt von ALBERT LANGE und Söhne aufbaute und erprobte. Von den drei fertiggestellten Mustern ist zumindest noch eines erhalten und wird im Mathematisch-Physikalischen Salon des Dresdner Zwingers gezeigt. Eine zweite Maschine befand sich 1879 an der neuen Wirkungsstätte von DIETZSCHOLD als Direktor der k. u. k. Fachschule für Uhrenindustrie in Karlstein (Nied. Öst.) [6] und könnte in ein dortiges Museum geraten sein.

Diese Konstruktion verdient einige Aufmerksamkeit, als dabei erstmalig bei einer Maschine mit Parallel-Addition ein Schaltwerk mit Schaltklinken realisiert wurde. Bei dieser (Winkelsegment → Ziffer)-Wandlung wird ein Kreissegment so eingestellt, daß eine darauf gleitende Klinke entsprechend der gewünschten Ziffer (0 bis 9) in ein Zahnrad eingreifen und dieses um den notwendigen Winkel weiterdrehen kann (s. Fig. 7). Diese von DIETZSCHOLD in Anlehnung an Erfahrungen der Uhrentechnik, insbesondere an Mechanismen zum Schutz von Antriebsfedern gegen Überdrehen, gefundene Lösung wurde

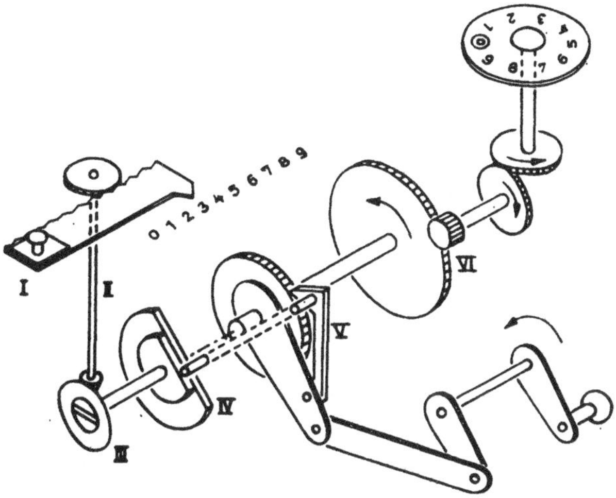

Fig. 7. Die Schaltklinke (Winkelwandler) nach DIEZSCHOLD. Mit den Elementen I, II, III wird eine Schaltkulisse IV so eingestellt, daß bei jeder Kurbeldrehung die Schaltklinke V das Zahnrad VI genau um den der Zifferngröße entsprechenden Winkel weiterdreht.

konstruktiv voll durchgebildet und erweist sich auch heute noch als völlig zuverlässig [1, 17], [19]. Den Antrieb der Schaltklinke bewirkt ein Kurbeltrieb, der beim Rücklauf auch die Zehnerübertragungen des Addierwerkes erledigt.

Eine Besonderheit dieses Gerätes ist ein lineares Malteserschaltgetriebe für die stellenmäßige Verschiebung des Resultatwerkes bei der Multiplikation mit mehrstelligen Faktoren bzw. bei der Division; die Betätigung erfolgte durch die Antriebskurbel. Leider hatte der Konstrukteur damit eine Schwachstelle in das Gerät eingebaut, die bereits bei geringfügigen Bedienungsfehlern zu Verklemmungen und anderen Störungen Anlaß gab. Außerdem erweist sich ein Handantrieb, der bei verschiedener Drehrichtung sehr unterschiedliche Funktionen ausführt (einmal Rechnen, einmal Stellenverschiebung) keineswegs als nutzerfreundlich. Insgesamt waren damit die Belange der unbedarften Anwender nicht ausreichend berücksichtigt, so daß sich diese Maschine trotz verschiedener neu eingebrachter und ausgezeichneter Teillösungen nicht in der Praxis bewährt hat.

Damit ist verständlich, daß die Kenntnis hierzu in den folgenden 100 Jahren soweit verlorenging, daß auf die Besonderheiten des Gerätes nicht einmal bei der Ausstellung im Dresdner Zwinger hingewiesen wurde. Das Schaltklinkenprinzip wurde dem verdienstvollen Rechenmaschinenkonstrukteur CHR. HAMANN zugeschrieben [2, 26, 42]. Dieser hat die Schaltklinke zudem in Verbindung mit einer Innenverzahnung des Abtriebsrades als umlaufendes Element (statt mit abrupter Bewegungsumkehr) betriebssicher und fertigungsgünstig bis zur Produktionsreife gebracht. (Herstellung durch die Deutschen Telefon- und Kabelwerke Berlin.) Dabei wird wohl jedem, der einmal mit dieser „HAMANN" gerechnet hat, das scharfe Arbeitsgeräusch zumindest bei der Division noch Jahrzehnte im Ohr klingen!

Im Zusammenhang mit seinen Arbeiten an der Rechenmaschine hat DIETZSCHOLD 1882 in Leipzig im „Allgemeinen Journal der Uhrmacherkunst" einen 44seitigen Artikel „Die Rechenmaschine" publiziert [6]. Darin werden die Leistungen einiger der damals bekannten Rechengeräte verglichen, konstruktive Lösungen gewertet und eine erste Klassifizierung besonders bez. serieller und paralleler Arbeitsweise (wie in moderner Terminologie gesagt würde) vorgenommen. Trotz eines offenkundig intensiven Studiums der Gesamtproblematik der Rechentechnik und vor dem Hintergrund seiner sicheren technischen Beherrschung der Probleme unterliefen auch ihm Fehler bei Bedarfseinschätzungen, sogar noch kurz bevor sich international eine deutlich gegenteilige Entwicklung durchsetzte. So wird bei ihm zu reinen Additionsmaschinen ziemlich apodiktisch statuiert:

„*Praktischen Werth hat dieselbe* (*gemeint ist jede Additions-/Subtraktionsmaschine*) *heute keinen, obgleich beständig zu ihrem Baue, und namentlich von Seiten der Kaufleute, gedrängt wird, die sie dann aber nicht kaufen, weil sie ihnen das Kolonnenaddieren durchaus nicht erleichtert, vielmehr noch die Erlangung einer neuen Fertigkeit aufladet. Auch sonst bietet ihre Fabrikation nur Aussicht auf Mißerfolge; denn das, was eine Maschine bezweckt, nämlich die Vermeidung von Fehlern, wird nicht erreicht, weil neue Fehlerquellen hinzugebracht werden.*"
(In originaler Orthographie wiedergegeben.)

Obwohl der Autor damals bereits Kenntnis von Tastenmaschinen hat, ahnt er nicht, daß kurz danach, 1888, ein einfaches, billiges und druckendes Additionsgerät von Burroughs diesen Markt erobern würde. Ebensowenig wird vorausgesehen, daß bald Registrierkassen mit eingebauten Additionsmechanismen in Millionen-Auflagen benötigt werden — obwohl und weil sich gerade damals der Welthandel sprunghaft entwickelte! Desgleichen plädiert DIETZSCHOLD mit Nachdruck für eine Kopplung der Uhren- und Rechenmaschinenindustrie, die sich bei der bereits angebahnten Arbeitsteilung und der Massenfertigung von Büromaschinen als nicht durchsetzbar erwies [29].

8. Die erste Rechenmaschinenfabrik in Deutschland

8.1. Der Zivilingenieur Arthur Burkhardt in Glashütte [33]

Sicher im Zusammenhang mit seiner Berufung zum Direktor der k. u. k. Fachschule für Uhrenindustrie in Karlstein (Nieder-Österreich) holte DIETZSCHOLD 1878 seinen Studienfreund ARTHUR BURKHARDT (1857—1918; s. Abb. 11) im Anschluß an dessen Militärdienstzeit nach Glashütte, der seine Arbeiten an der Rechenmaschine fortsetzen sollte. So konnte BURKHARDT auf DIETZSCHOLDS großen Erfahrungen aufbauen und erhielt sicher sogleich Anschauungsmuster zum Studium. Außerdem nahm er entschlossen Verbindung zu Anwenderbereichen auf, insbesondere arbeitete er eng mit dem Direktor Dr. ENGEL aus dem Preußischen Statistischen Landesamt zusammen, das damals mit Thomas-Arithmometern ausgerüstet war.

Trotz aller Freundschaft — bald ging BURKHARDT eigene Wege. Er erkannte sichtlich die Schwächen der DIETZSCHOLDschen Konstruktion, die Schwierigkeiten zu deren Beseitigung und orientierte sich auf die Fertigung einer Rechenmaschine nach dem Muster des Arithmometers von THOMAS (vgl. Abschnitt 5 u. Abb. 12). Bereits 1878 hat er 2 solche Maschinen an das Preußische Statistische Landesamt abgeliefert, die er 1879 durch weiter verbesserte Exemplare ersetzte, die in der inzwischen von ihm gegründeten „Ersten Rechenmaschinenfabrik in Deutschland" gebaut worden waren.

Wahrscheinlich resultiert aus dieser Entscheidung BURKHARDTS auch DIETZSCHOLDS Ablehnung von dessen Leistungen, die bereits in dem o. a. erwähnten Artikel 1882 über „Die Rechenmaschine" [6] überdeutlich wird. Dennoch muß heute anerkannt werden, daß BURKHARDT seit Beginn der Fertigung um eine ständige Verbesserung der Handlichkeit der Maschine, um eine geschicktere Anordnung der Bedienelemente, der Löscheinrichtungen für die Rechenwerke, Sichtbarkeit der Ziffern auf den Zählrädchen u. ä. bemüht war. Für ihn war der Kunde noch ein König, dessen Meinung berücksichtigt werden sollte. Hierfür steht auch das Zeugnis eines der damals international führenden Getriebetechniker, des königl. Geheimrates Prof. F. REULEAUX. Er behandelt in der ersten Auflage seines Buches „Die Thomas'sche Rechenmaschine" von 1862 das französische Originalgerät, in der 2. Auflage 1892 jedoch vor allem die

BURKHARDTsche Maschine. Deren Vorzüge werden dabei deutlich herausgehoben: eine Klingel, die auf einen Überlauf der Rechenkapazität des Resultatwerkes aufmerksam macht, die bequemere Löschung der Werke durch Hebelzüge, statt der zuvor üblichen Drehung eines Knopfes u. ä. [35].

Große Aufmerksamkeit widmete BURKHARDT den Fragen der Fertigungstechnologie. Unter den damaligen Produktionsbedingungen sollte die Herstellung genau und unbedingt auch ökonomisch günstig erfolgen, das bestimmte die Gewinnaussichten. Das waren fortschrittliche Gesichtspunkte, die nicht allgemein verstanden wurden. Auch von DIETZSCHOLD nicht, der auf dem Gebiet der Feinmechanik seinerzeit ein anerkannter Fachmann war. So bemängelte dieser in seinem Artikel [6] zur Rechentechnik, daß in den Glashütter Maschinen die Übertragsausführung, unabhängig von der tatsächlich ausgebauten Stellenzahl der Werke (die 6- bis 12-stellig sein konnten) immer auf den zeitlichen Engpaß der 12-stelligen Maschine zugeschnitten blieben. Demgegenüber wurde die individuelle Anpassung der THOMASschen Originalgeräte an die jeweils genutzte Stellenzahl als „auf die Güte des Produktes gerichtetes Bestreben“ ausdrücklich gelobt. Dabei ist heute klar, daß es einen technischen Fortschritt bedeutet, wenn bei zuverlässiger Funktion die 6-, 8-, 10- oder 12-stelligen Maschinen alle einheitlich gefertigt werden können.

BURKHARDT war konsequent auf dem Wege von der Einzel- zur Kleinserienfertigung (mit Einsatz von Fertigungsvorrichtungen und -lehren) fortgeschritten und konnte leicht zu handhabende, zuverlässige und doch relativ billige Rechenmaschinen anbieten, die auch den Reparaturservice erleichterten. Das sicherte schließlich einen guten Absatz seiner Erzeugnisse. Natürlich wurde die Reklame dabei nicht vernachlässigt und ein eigenes Warenzeichen eingetragen. Bereits um 1895 wurden die jährlichen Fertigungszahlen der originalen Thomas-Arithmometer deutlich übertroffen. Die Bedeutung einer zeitgerechten Technologie und Fertigungstechnik erhellt das Beispiel dieser ersten Rechenmaschinenfabrik in Deutschland besonders deutlich, wenn die Gründe für das Ende dieser Produktion 1925 analysiert werden. Das „Aus“ kam, als diesen Anforderungen nicht mehr ausreichend entsprochen werden konnte.

Insgesamt erweist sich so der Begründer der ersten Rechenmaschinenproduktion in Deutschland als ein zielstrebiger Ingenieur, der die Entwicklungslinien seiner Zeit erkannte, voranbrachte und der wohl auch als „cleverer“ Geschäftsmann bezeichnet werden muß. Letzteres war sicher schon bei seiner Betriebsgründung nicht ohne Bedeutung.

Wie konnte es ihm eigentlich gelingen, bereits 1878, nachdem er nach eigenem schriftlichen Zeugnis [33] erst im Oktober des gleichen Jahres nach dem Militärdienst in Glashütte eintraf, also innerhalb eines Vierteljahres, noch zwei Rechenmaschinen fertigzustellen und zur Prüfung beim Preußischen Statistischen Landesamt abzuliefern? Es ist wahrscheinlicher, daß hierzu vorerst zwei etwas aufgebesserte (eingravierte Zahlzeichen, handlichere Löschung der Werke) Original-Thomas-Maschinen benutzt wurden, die dann 1879 durch solche seiner eigenen Werkstatt ausgetauscht wurden. Das wird auch durch die Tatsache gestützt, daß zwei leicht veränderte Thomas-Arithmometer aus jener Zeit aufgefunden wurden, die beide den Firmennamen BURKHARDT tief eingefräßt erhalten hatten. Solche Verfahrensweisen waren bei einem raschen Einstieg in eine neue Produktion früher wie heute ja durchaus nicht ungewöhnlich.

8.2. Ein neuer Zweig der Büromaschinenindustrie entsteht

Obwohl die Absatzlage für Rechenmaschinen in Deutschland anfangs keineswegs rosig war — auch BURKHARDT versuchte durch die Übernahme anderer Produktionen seine Geschäftslage zu verbessern —, so übte die Rechenmaschinenfertigung und die Aussicht auf eine rasche industrielle Entwicklung mit hohem Gerätebedarf eine ungeheuere Anziehungskraft aus. BURKHARDT erhielt Konkurrenten und fand zahlreiche Nachahmer. So wurden allein in Glashütte 1895 von SCHUMANN, ehemals Werkmeister bei der „Ersten Rechenmaschinenfabrik", eine zweite namens „Saxonia" und 1904 vom Mechaniker REINHOLD PÖTHIG das dritte Werk „Archimedes" gegründet. Alle diese Produktionsstätten stützten sich auf ehemalige Fachleute der BURKHARDTschen Fabrik und bauten auf dessen Vorarbeiten und Konstruktionen auf. Bezeichnenderweise stellten sowohl die „Saxonia" wie „Archimedes" Staffelwalzenmaschinen her, die in manchen Teilen mit ihren Vorbildern bis in Einzelheiten übereinstimmten. Allerdings muß schon an dieser Stelle hervorgehoben werden, daß in der unter Leitung des Mechanikers PÖTHIG (1877—1955; s. Abb. 13) stehenden Fabrik „Archimedes" frühzeitig und systematisch der Weg von der Werkstättenfertigung zur fabrikmäßigen Serienherstellung weitergegangen wurde. Die Konstruktionen paßten sich einer modernen Fertigungstechnologie an und blieben damit besser konkurrenzfähig.

Eine analoge Entwicklung vollzog sich damals im gesamten Deutschen Reich, insbesondere aber im weiteren sächsisch-thüringischen Raum. Viele Einzelheiten hierzu finden sich im Buch von PÄTZOLD über die Entwicklung der Rechenmaschinenindustrie vom Deutschen Kaiserreich bis zur Bundesrepublik Deutschland [29]. Dort wird auch auf die bald zunehmenden Verbindungen dieser Industrie mit der Kriegsrüstung eingegangen. Für den Zeitraum 1910—1960 wird die Buchungsmaschinenentwicklung besonders vom technischen Standpunkt aus vom ehemaligen Leiter der Marchant Büromaschinenfertigung in Hamburg vorgestellt [14]. Dieser Band berücksichtigt dabei sowohl den in der Bundesrepublik Deutschland wie in der Deutschen Demokratischen Republik entstandenen Gerätepark. Hier sollen nur einige herausragende Beispiele einer solchen „Gründerzeit" diese Entwicklung charakterisieren:

Seit 1892 produziert die Firma vom Grimme, Natalis & Co. in Braunschweig unter dem Markennamen „Brunsviga" und dem Slogan „Gehirn von Stahl" eine Sprossenradmaschine nach einem Patent [13] des Schweden ODHNER. Hierbei handelt es sich erstmals in Deutschland um eine industrielle Großserienfertigung, die der Betriebsleiter Dr. TRINKS als „spiritus rector" dieser Rechenmaschinenfabrik aufbaute. 1907 entstanden in Zella-Mehlis in Thüringen die Mercedes-Werke, die eine Proportionalhebelmaschine (Längenwandlung) des Erfinders CHRISTEL HAMANN später unter der Firmenbezeichnung Mercedes-Euklid verkauften. Rheinmetall in Sömmerda/Thüringen fertigte ab 1921 äußerst robuste Staffelwalzenmaschinen, die Wanderer-Werke in Chemnitz nahmen bereits 1916 die Produktion einer „Continental"-Addiermaschine des Konstrukteurs J. E. GREVE auf, der schließlich auch in Chemnitz 1921 die „Astra"-Werke mitbegründete, die seine gelungene, druckende Additionsmaschine mit Zehnertastatur unter dem Firmennamen auf den Markt brachten. Beide Hersteller entwickelten ihre Fabrikate später zu Buchungsmaschinen, die sich jahrzehntelang gegen härteste Konkurrenz durchsetzen konnten. Diese Reihe läßt sich noch länger fortsetzen, müßte jedoch dann auch viele unbedeutende und nur zeitweilig aktive Fertigungsstätten aufzählen. Bemerkenswert bleibt eigentlich nur, daß schließlich ca. 75% der gesamten Büromaschinenindustrie in Deutschland bis 1938 auf dem heutigen Territorium der DDR konzentriert wurden (vgl. [14, 29]).

8.3. „Archimedes" als letztes Rechenmaschinenwerk in Glashütte

Die weitere Entwicklung der Rechengeräteproduktion in Glashütte verdient eine besondere Erwähnung, da aus zeitbedingten Gründen auch in der verdienstvollen Untersuchung von PÄTZOLD [29] manche Lücke bestehen blieb. So wurde das dortige „Archimedes"-Werk nicht einmal erwähnt.

Die wachsende Konkurrenz unter den Rechenmaschinenfabriken und die zunehmenden Aufwendungen bei der Weiterentwicklung der Geräte und der Fertigungsmethoden führten zu einem harten Kampf um das wirtschaftliche Überleben. So mußte in wenigen Jahren die Einführung von Einstelltastaturen, elektrischen Antrieben, erhöhten Rechengeschwindigkeiten und gleichzeitig der Ausbau der Fertigungstechnologie und Maschinenausrüstung für eine billige Massenproduktion bewältigt werden. Dafür waren große Mittel erforderlich, obwohl sich nach dem 1. Weltkrieg die Wirtschaftslage ständig verschlechterte. Dabei ging es in diesem Wettbewerb nicht sehr fair zu: So wurde ein vom Generalvertreter der „Burkhardt-Maschinen" benutztes Warenzeichen TIM (time is money) nach 1906 einfach an eine Konkurrenzfirma verkauft und damit ein Kundenkreis vom Glashütter Betrieb abgekoppelt.

Die BURKHARDTsche Rechenmaschinenfabrik verfügte in dieser Situation nicht über den erforderlichen finanziellen Rückhalt, zudem verlor sie 1918 ihren tüchtigen und energischen Begründer, dessen Erben nicht an seine Leistungen anknüpfen konnten. Seit 1920 versuchten die Fabrik BURKHARDTS und das Werk „Saxonia" der Konkurrenz und der Herausforderung durch eine Zusammenlegung zu widerstehen. Es entstand noch eine leistungsfähige 4-Spezies-Rechenmaschine mit elektrischem Antrieb, die jedoch durch inhomogenen Aufbau und technologische Mängel viel zu aufwendig und teuer war. Nach 1926 mußten beide Betriebe aufgeben.

Dank der organisatorischen und technischen Fähigkeiten ihres Gründers und Leiters, REINHOLD PÖTHIG, konnten die „Archimedes"-Werke die schweren Zeiten gut überstehen. Dabei war auch dieser nicht sehr große Betrieb ganz auf sich selbst gestellt. Die Ursachen sind sehr deutlich beim Vergleich der bereits zuvor erwähnten 4-Spezies-Rechenmaschinen der Firma BURKHARDT zu Beginn der 20er Jahre mit einem analogen Gerät von Archimedes aus der gleichen Zeit zu erkennen (vgl. Abb. 14 und 15). Die erste benutzt für die Einstellung des Multiplikanden/Dividenden eine Volltastatur, für den Multiplikator jedoch ein Hebelsystem; die Schlittenverschiebung benötigte elliptische Zahnräder, das recht große Gerät wird von einer kompliziert geformten Blechschürze überdeckt. Damit wird der Bau der an sich sehr leistungsfähigen Maschine aufwendig, und jede veränderte Stellenkapazität der Werke erfordert neue Werkzeuge. Demgegenüber ist die Ausführung des Archimedes-Rechners bei kaum geringerer Leistung wesentlich einfacher: alle Ziffern werden grundsätzlich eingetastet, der Multiplikator mit jeweils nur einer Stelle, die Schlittenverschiebung benutzt einfache Hebeltechnik, die Hülle ist zusammengesetzt — eine Veränderung der Stellenzahl ist problemlos möglich. Insgesamt wird ein Minimum verschiedener Bauelemente angestrebt, und es ist alles auf eine bequeme und billigere Massenerzeugung ausgerichtet. Die Ökonomie des Gerätes und seiner Fertigung sind bestimmende Prinzipien, wenn eine Großserie aufgelegt werden soll. Damit bildet dieser Maschinentyp auch die Grundlage für weitere 40 Jahre der Produktion.

Auch in der Folge blieben die Archimedes-Werke ständig bemüht, den wachsenden Kundenwünschen zu entsprechen und die Leistung und Handhabbarkeit ihrer Erzeugnisse zu verbessern. Obwohl das recht sperrige Staffelwalzensystem bezüglich der kleineren und kompateren Sprossenradtechnik zunächst benachteiligt war, konnte das mit Volltastaturen und kinematisch einfacheren und damit sehr robusten Ausführungen ausgeglichen werden. Technologische Fortschritte wurden zur Verbilligung der Herstellung ausgenutzt.

Als bemerkenswert darf hier die Entwicklung eines neuen Schaltwerkes zur Ablösung der uralten Staffelwalze vorgestellt werden. 1939 erhielt „Archimedes" ein Patent für eine rein getriebetechnische Ausführung dieser Baugruppe

[34]. Dabei werden bei jeder Ziffernstelle 9 im Verhältnis 1 : 2 : 3 : ... : 9 zueinander übersetzte Antriebszahnräder angeordnet, an die mittels Tasten die der gewünschten Ziffer entsprechenden Drehwerte an den Abtrieb gekoppelt werden konnten. Damit läßt sich ein völlig stoßfreies Arbeiten der Maschine erreichen, bei der alle Elemente während des Antriebes ständig im Eingriff bleiben. Der Zehnerübertrag im Additionswerk verhält sich ebenso, wenn dieser z. B. mittels Differentialgetriebe, die bekanntlich additiv wirken, der eigentlichen Summation der Stellen mod 10 nachgeschaltet wird (s. Fig. 8)[12]. Diese

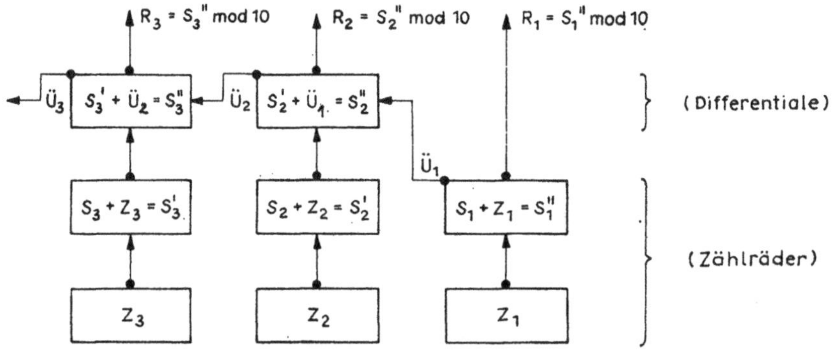

Fig. 8. Das Prinzip der Paralleladdition, bei der Überträge mittels Differentialgetriebe berücksichtigt werden. (Das Differentialgetriebe ist mittels Zwischenräder als Addiator $a + b = c$ ausgelegt.) Mit $\ddot{U}_i = 0$ (bei $S_i'' < 10$) oder $\ddot{U}_i = 1$ (bei $S_i'' \geqq 10$) wird $(S_i + Z_i) + \ddot{U}_{i-1} \bmod 10 = R_i$ gebildet.

prinzipiell sehr einfache und logische Lösung setzt jedoch eine billige und trotzdem hochpräzise Fertigung der Getriebeteile voraus. Das konnte erst in den 30er Jahren unseres Jahrhunderts erreicht und ausgenutzt werden. Die Tourenzahl der Maschine sollte damit von den bisher üblichen 500 auf 2000 pro Minute heraufgesetzt werden. Das entspricht einer 10stelligen Multiplikation in weniger als 2 Sekunden — also schneller als bei den ersten Relaisrechenautomaten, die 2 Jahre später in den Wettbewerb eintraten.

[12] Diese Idee geht wohl bereits auf CHARLES BABBAGE zurück, der sie um 1830 bei seiner Analytical Engine verwenden wollte. TSCHEBYSCHEFF baute 1876 mit diesem Mechanismus eine Addiermaschine [36]. (Die Kenntnis der Winkeladdition mittels Differentialgetriebes war dabei schon 2000 Jahre zuvor in Griechenland vorhanden — vgl. Fußnote 4).

Zusatz bei der Korrektur: Tatsächlich hat bereits LEIBNIZ in einer Notiz vom 8. 5. 1682 diese Lösung beschrieben und als „optima ratio et absoluta" bezeichnet [41].

Diese letzten mechanischen Neuentwürfe schöpften die damals möglichen technologischen und fertigungstechnischen Fortschritte soweit aus, daß sich damit eine neue Entwicklungsstufe ankündigte. Leider beendete der unselige 2. Weltkrieg diese Versuche; das Originalmodell des Schaltwerkes ist jedoch erhalten geblieben und befindet sich z. Zt. in der Sammlung des Wissenschaftsbereiches Mathematische Kybernetik und Rechentechnik der Sektion Mathematik der Technischen Universität Dresden [19].

Die Rechenmaschinenfabrik Archimedes ging 1946 in Volkseigentum über und mußte nach einer vollständigen Demontage neu aufgebaut werden. Danach wurden in schweren Jahren eines Neuanfanges wieder Rechenmaschinen nach dem Staffelwalzenprinzip bis 1960 gefertigt. Eine Schlußbilanz weist die Herstellung von insgesamt 42 Maschinentypen aus, die in 85000 Exemplaren gefertigt und in 27 Länder der Welt verkauft worden waren.

9. Überblick zur Genesis der Rechenmechanik

Mit den 60er Jahren unseres Jahrhunderts fand die rechnende Mechanik überall in der Welt ihren Abschluß. Damit kann ein Überblick über diese vergangene Periode versucht werden. Als erste Ordnungsmerkmale sollen alle zuvor herausgearbeiteten Arbeitsprinzipien der Maschinen und Hinweise auf den Entwicklungsstand der jeweiligen Arbeiten dienen. Vollständigkeit wird dabei nicht möglich sein, jedoch sollten die mit dem Raum der Deutschen Demokratischen Republik verbundenen Entwicklungen und einige der darin erkennbaren Grundlinien erfaßt werden.

9.1. Geordnete Übersicht über erste Rechengeräte

Als Ordnungsmerkmale bieten sich sofort an:

1. der Leistungsumfang der Maschinen (2- oder 4-Spezies),
2. die parallele oder serielle Verarbeitung der Ziffernstellen der Zahlenwerke,
3. der benutzte Schaltwerktyp.

Danach ist auch die Tabelle 1 gegliedert.

Andererseits könnte zusätzlich bei Parallelrechenwerken nach der Art der Übertragsverarbeitung unterschieden werden. Dazu wird bei Pätzold [29] zunächst etwas resigniert festgestellt (dort S. 169–171), daß Dissertationen von Alexander Varren 1929 an der TH Berlin über eine „Systematik von Zehnerschaltvorrichtungen“ sowie von K. Geier 1936 an der TH Dresden über „Zehnerschaltvorrichtungen und damit zusammenhängende Sonderfragen“

Gerätetyp	Schaltwerk Prinzip/Erfinder	mit seriellem Addiator Erfinder	mit seriellem Addiator Konstrukteur Zustand	mit parallelem Addiator Erfinder	mit parallelem Addiator Konstrukteur Zustand	Anfänge der Serienfertigung
Additions-maschine	Winkelwandler SCHICKARD, Tübingen 1623 s. Abs. 1.1	SCHICKARD, Tübingen 1623 s. Abs. 1.1	dto. Gerät	*)	*)	*)
	Längenwandler LEIBNIZ, Hannover um 1671 (vgl. 4-Spezies-Maschinen) s. Abs. 2.3	GERSTEN Gießen 1722 s. Abs. 4.1	dto. Gerät	*)	*)	*)
4-Spezies-Rechen-maschine	Längen- oder Winkelwandler ohne Schaltklinke LEIBNIZ, Hannover um 1671 (verbal) s. Abs. 2.3			Proportional-hebel HAMANN, Berlin 1905 s. Abs. 4.1	dto. Gerät	Mercedes-Euclid Zella-Mehlis 1907 nach HAMANN
	Längen- oder Winkelwandler mit Schaltklinke LEUPOLD, Leipzig vor 1727 (evtl. Modelle) s. Abs. 3.2	LEUPOLD, Leipzig vor 1727 (evtl. Modelle) s. Abs. 3.2	ANTONIUS BRAUN, Wien nach 1727 Gerät s. Abs. 4.2	DIETZSCHOLD, Glashütte 1876—78 s. Abs. 7	dto. Gerät	
				HAMANN, Berlin 1926 (mit umlau-fender Klinke) s. Abs. 7	dto. Gerät	Deutsche Telefon- und Kabelwerke Berlin 1926 nach HAMANN

Sprossenrad LEIBNIZ, Hannover um 1672 (Skizze) s. Abs. 2.3	POLENI, PADUA um 1709 Modell s. Abs. 3.1	ANTONIUS BRAUN, Wien 1727 Gerät s. Abs. 4.2	ODHNER,**) Petersburg 1876	dto. Gerät	Grimme, Natalis & Co., Braunschweig 1892 (Brunsviga) nach ODHNER**)
Staffelwalze LEIBNIZ, Hannover 1673 Gerät s. Abs. 2.3	HAHN, Korn- westheim 1773 s. Abs. 4.3	dto. Gerät	LEIBNIZ, Hannover 1673 Modell s. Abs. 2.3	THOMAS Colmar 1818 Gerät s. Abs. 5	THOMAS Arithmometer Paris 1820
Übersetzungs- getriebe Pöthig— Archimedes, Glashütte Patent 1939 s. Abs. 8.3					
Ein × Eins-Körper (SCHICKARD 1623 ohne direkte Verbindung zum Addiator) s. Abs. 1.1			SELLING 1886, BOLLÈE 1888, STEIGER 1893 mit Längen- wandler, Geräte		„Millionär“ Basel 1893 (Kleinserie) nach STEIGER***)

Tabelle 1

Übersicht über den Beginn der mechanischen Rechentechnik (Anmerkungen hierzu s. S. 42) von technischen Realisierungen ausgehend ein ungeheueres Material bewältigen, aber kaum eine praktische Wirkung erzielen konnten.

Nichtsdestoweniger lassen sich entsprechend der seriell oder parallel arbeitenden Summenwerken sehr wohl auch analoge Übertragsbehandlungen unterscheiden:

- die mit Fig. 3 erläuterte „serielle (Mehrschritt)-Übertragungstechnik", bei der die Überträge bei der kleinsten Stelle beginnend nacheinander in der jeweils vorangehenden Ziffer berücksichtigt werden und
- eine „simultane Zehnerschaltung", bei welcher alle auftretenden Überträge im Anschluß an die Addition mod 10 in allen Stellen gleichzeitig eingearbeitet werden (= Einzelschritt).

Das zweite Verfahren verlangt in jeder Resultatstelle, daß zunächst das Auftreten einer Zwischensumme = 9 (sog. „Standing on Nine") bzw. > 9 in zwei Hebelstellungen registriert und dann anschließend für die Übertragsbildung bedacht wird.[13] Obwohl die Klassifikation nach „serieller" oder „simultaner" Übertragsbehandlung auch technisch sehr relevant ist — insbesondere die Arbeitsgeschwindigkeit betreffend — wurde auf ihre Berücksichtigung hier aus rein pragmatischen Gründen verzichtet. Tatsächlich wurde die umfangreiche Literatur noch niemals entsprechend aufbereitet.

Anmerkungen zur Tabelle 1 (s. Seiten 40/41):

- Als „Modell" gelten alle Versuchsmuster (auch Teillösungen), die das Prinzip kennzeichnen, aber noch nicht voll funktionsfähig sind.
- Als „Gerät" werden voll funktionsfähige Maschinen (oder Baugruppen) aus Einzelfertigungen bezeichnet.
- Notizen wie „s. Abs. ..." verweisen auf Erläuterungen im Text.
- Die Tafel sollte bez. der letzten Geräte noch überprüft werden.

*) Hierzu steht eine gründliche Literaturauswertung noch aus.

**) Die Sprossenradmaschine von BALDWIN (USA-Patent 1872 [13, 36]) war der ODHNERschen Konstruktion (von 1876) [13, 36] deutlich unterlegen und wird daher nicht weiter betrachtet.

***) Der 1×1-Körper wurde erst bei Lochkartenmaschinen mit elektromechanischer Relaistechnik erfolgreich eingesetzt und wird in der Tabelle nur als Merkposten erwähnt [36].

[13] Jeder mit „> 9" ausgelöste Übertrag schaltet alle davor auf „9" stehenden Stellen und den ersten nicht auf „9" stehenden Wert um eine Einheit weiter.

9.2. Zur Motivation der Anfänge

Aus den Textstellen zu den vorgestellten Pionierarbeiten (vgl. auch Tabelle 1 mit ihren Textverweisen) ergibt sich sofort, daß die wichtigsten Grundprinzipien und auch erste Modelle für Rechengeräte zunächst von Wissenschaftlern herausgearbeitet wurden. Nach den Analysen in den Abschnitten zu SCHIKKARDS, LEIBNIZ' und HAHNS Arbeiten (Abschn. 1, 2.1, 2.4, 3, 4.3) ging es diesen zuerst um neuen Erkenntnisgewinn, um den Versuch, aus der Zeitströmung heraus zu neuen Ufern vorzustoßen. Jedoch konnte die technische perfekte Funktionsfähigkeit der Rechner erst mit oder durch gleichermaßen begabte, wissenschaftlich gebildete Mechaniker erreicht werden. Der Name von ANTONIUS BRAUN sollte hierfür stehen. Für diese war der Erfolg ein Leistungsnachweis, der ihnen berufliche Vorteile und Privilegien einbrachte.

Erst in der letzten Entwicklungsphase, etwa 200 Jahre nach Schickard, überwogen wohl kommerzielle Gedanken, die Hoffnung auf den großen Gewinn, der sich entsprechend der gewachsenen industriellen Bedürfnisse erwarten ließ. Dabei erweist es sich als durchaus mühsam, die erkannten neuen Möglichkeiten, den geistigen Progress den oft sehr konservativen potentiellen Nutzern nahezubringen. Diese Feststellung gilt sicher auch heute noch bei vielen echten Neuheiten, wenngleich das allgemein gewachsene Lebenstempo eine Abgrenzung derartiger Entwicklungsabschnitte zunehmend erschwert.

Für die rasche und effektive Einführung der „neuen" mechanischen Rechentechnik hatte und hat eine sachgerechte Kundenberatung und -betreuung sowie die Mithilfe erfahrener Organisatoren bei der nötigen Umgestaltung der Büroarbeit eine große Bedeutung [14, 29].

9.3. Technische Entwicklungstendenzen der Rechenmechanik

Der Bau der Rechenmaschinen verlangte anfangs ein Umdenken: Statt stetiger Vorgänge mußten jetzt abrupt ablaufende Schaltvorgänge beherrscht werden, die der ziffernmäßigen Arbeitsweise entsprachen. Die Beseitigung der durch Trägheit der bewegten Massen entstandenen Gefahr des „Überschleuderns" der Ziffernräder hat große Anstrengungen erfordert. Schon LEIBNIZ war mit diesen Problemen konfrontiert, die erst reichlich 100 Jahre danach einigermaßen bewältigt worden sind. Diese Technik konnte dann in unserem Jahrhundert mit elektrisch angetriebenen Tastaturmaschinen zu einer großen Perfektion gebracht werden.

Den Endpunkt hierzu setzte der Erfinder und Computer-Pionier KONRAD ZUSE [45] mit einer Schaltgliedtechnik, die er in den 30er Jahren unseres Jahrhunderts ausarbeitete. Praktische Anwendung fand diese konsequente Ausprägung des Dualprinzips, der absoluten Diskontinuität und ihrer Beherrschung mittels eines Logikkalküls nur noch im Speicher des zweiten vollfunktionsfähigen Rechenautomaten von ZUSE, dem Z4, der 1945 fertig wurde [45].

Der Wunsch nach einer Beschleunigung der Rechnung, dem zunächst durch den Übergang von einer seriellen zur parallelen Addition Rechnung getragen wurde — LEIBNIZ war dieser Entwicklung gedanklich 150 Jahre voraus! — ließ wiederum stetigere Abläufe in den Vordergrund rücken. Vor allem mußten Punkte abrupter Bewegungsumkehr (ungleichmäßiger Beschleunigung) vermieden werden. So läuft die Schaltklinke seit 1926 in der Ausführung von CHR. HAMANN im Kreise um [42], für die Proportionalhebeltechnik wurde von LOCKE (Mitarbeiter von CHR. HAMANN) eine Anordnung vorgeschlagen, bei der die Hin- und Herbewegung durch ein Kreisen ersetzt wird. Er hat dazu auch ein Muster gebaut, das jetzt in einer Sammlung des Instituts für Informatik und Rechentechnik der Akademie der Wissenschaften der DDR als Unikat zu besichtigen ist. Der vollkommenste Lösungsvorschlag, der Stöße bei der Arbeit auf ein Mindestmaß beschränkt, stellt das Rechengetriebe von Archimedes 1939 dar, wenn dazu eine Übertragungstechnik mit z. B. einem Planetengetriebe hinzukommt [34]. Die Rechenleistung ließ sich so schrittweise um einen Faktor von ca. 100 erhöhen. (Die Multiplikation von zwei 6stelligen Zahlen mit einer HAHNschen Maschine beansprucht mehr als eine Minute, mit einem Archimedes-Rechengetriebe etwa eine Sekunde (ohne Zeiten für Zahleneinstellung).)

Als diese Stufen der mechanischen Digitalisierung erreicht waren, übernahm die Elektronik die weitere Entwicklung. Auch hierzu mußten jetzt zur Digitalisierung und Diskretisierung erforderlichen Techniken schrittweise erarbeitet werden. Heute dominiert dieses Ja-nein-Prinzip, die Impulstechnik, wieder ganz eindeutig. Aber auch hier wird in der Zukunft noch manches abgeschliffen und stetiger ablaufen müssen. Wenn auch heute Wanddurchlässigkeiten, quantenmechanische Tunneleffekte, kapazitives oder induktives Übersprechen, Fehlstellen im Material usw. oft als Störeffekte angesehen werden, so wird sich das alles zumindest bei dreidimensionaler Packung der hochintegrierten Schaltkreistechnik nicht mehr völlig beseitigen lassen. Damit gilt es zu leben, und es sollte nicht überraschen, falls gerade hieraus neue und fortschrittliche Lösungen abgeleitet werden können [19].

10. Glashütte und die Rechentechnik nach 1960

Heute sind alle in Glashütte gefertigten mechanischen Rechengeräte begehrte Schauobjekte in Sammlungen oder in Technischen Museen und demonstrieren eine vergangene Technik. Die Entwicklungen der elektronischen Computer auf der Basis einer Silizium-Mikroelektronik hat sie abgelöst. Dabei darf jedoch nicht übersehen werden, daß nicht nur die logischen Grundlagen dieser modernen Technik auf den Erfahrungen der Vergangenheit aufbauen, sondern daß sowohl Kommunikationselemente der Rechner, Tastaturen, Druck- und Eingabewerke, periphere Speicher und Sensoren für die elektronische Prozeßsteuertechnik als insbesondere auch die Fertigungsmaschinen für die mikroelektronischen Bausteine höchste mechanische Präzision erfordern. Bei der Herstellung von Masken für das Aufdampfen und Einimpfen aktiver Moleküle und Atome in das Halbleiter-Grundmaterial der hochintegrierten Schaltkreise geht es um Bruchteile von 1000stel Millimeter und bei der Verdrahtung an winzigsten Siliziumschaltungen um weniger als 100stel Millimeter. Dazu werden Automaten, Roboter mit vorher unbekannter Arbeitsgenauigkeit notwendig. Kaum weniger Anforderungen stellen die immer kleineren und doch höchst zuverlässigen Bauteile der zuvor erwähnten Apparate zur Kommunikation zwischen Mensch und Maschine.

Für alle diese Forderungen wurden erste Lösungen erdacht und dabei mechanische, optische und elektronische Mittel oder Verfahren in einer neuen Synthese zusammengeführt. Die bisher übliche Feinmechanik bildet eines der Fundamente für eine aufblühende Mikromechanik, deren Zukunft trotz mancher Anfangserfolge doch erst begonnen hat. Traditionen der Mechanik, wie sie in Glashütte vorliegen, bieten dazu gute Ausgangspositionen, die es entsprechend zu nutzen gilt.

Diese Entwicklung mußte und muß weiter in wenigen Jahrzehnten bewältigt werden. Sie vollzog sich einerseits sehr sprunghaft, läßt aber immer auch die Verbindung zu ihren Wurzeln sichtbar werden. Zwei Beispiele sollen das belegen:

Der erste voll funktionsfähige Rechenautomat Z3 von Zuse, der erste überhaupt in der Welt, und auch dessen bereits zuvor erwähnter Nachfolger Z4, der bei Kriegsende 1945 soeben fertiggestellt war, standen noch ganz zwischen der Mechanik und der Elektronik. Sie funktionierten bereits im Dualsystem mit Relais (also elektromechanisch) und der Z4 mit einem mechanischen Speicherwerk in Schaltgliedtechnik [45].

Als weiteres Zeugnis für diese Verbindung von Altem und Neuem kann die erste Konstruktion einer elektronischen Rechenmaschine in der DDR genannt werden. 1948 wurde vom Verfasser in Unkenntnis anderer früherer und etwa gleichzeitiger analoger Entwicklungen zum x-ten Mal ein Speicher nach dem Magnetophonprinzip erfunden, damals endete in Dresden der Blick in die Welt meist schon an den Bezirksgrenzen. Damit konnten Zahlen als Impulsfolgen auf Umfangsspuren einer mit magnetisierbarem Material beschichteten schnell rotierenden Trommel über Magnetophon-Kopfsysteme aufgesprochen, abgehört und ggf. gelöscht werden. Dabei war hohe mechanische Präzision und eine damals noch ungewöhnliche Elektronik erforderlich. Zur Erprobung eines ersten Magnettrommelspeichers — einer mit 6000 (später 18000 und 36000) U/min laufenden mechanischen Trommel mit präzisem Rundlauf- und der zugehörigen Elektronik mit Takt-Impulsgeber, Verstärker- und Rechenschaltungen wurde 1951 ein erstes Experimentiergerät aufgebaut, das gleichfalls die Synthese von Mechanik und Elektronik demonstriert (vgl. Abb. 16). Dieses Versuchsgerät entstand nach Vorarbeiten in der Technischen Hochschule in Dresden im VEB Funkwerk Dresden. Die gesammelten Erfahrungen führten nach Plänen aus dem Institut für Angewandte Mathematik der Hochschule in der Industrie zum Aufbau der beiden ersten elektronischen Rechenautomaten D1 in Dresden, an denen auch die damalige Feinmechanik noch einen großen Anteil hatte [15, 16]. Dabei hat manches hiervon in sehr vervollkommneter Form auch Eingang in spätere und heutige Technik gefunden: so verschiebliche Hör-Sprechsysteme auf magnetomotorischen Plattenspeichern und miniaturisierte magnetische Hör- und Sprechköpfe.

An dieser Stelle wird der erste Teil des in der Einleitung zitierten Goethe-Wortes recht anschaulich demonstriert:

„*... es gibt nur ein ewig Neues, das sich aus den erweiterten Elementen des Vorangegangenen gestaltet ...*".

Auch die modernste Computertechnik erwächst aus den früheren Gedanken, Leistungen und Erfahrungen. Sie baut auf den Hinterlassenschaften von Leibniz, Leupold ebenso wie auf den 150 Jahre alten Traditionen der Mechanik in der Kleinstadt Glashütte auf.

Das Erbe der gesamten großen Büromaschinenindustrie auf dem Gebiet der Deutschen Demokratischen Republik hat dabei heute das VEB Kombinat Robotron übernommen. Seit dem 1. 1. 1978 sind in dieser Vereinigung 21 ökonomisch und juristisch selbständige Betriebe mit rund 300 Betriebsteilen in 76 Kreisen der DDR aus der Büromechanik und der Elektronik zu einer schlagkräftigen Einheit mit etwa 70000 Mitarbeitern zusammengefaßt. Der ehemalige Betrieb „Archimedes" hat hierbei die Objektnummer 05 im Stammbetrieb des VEB Robotron-Elektronik Dresden. Der rasche Fortschritt auf dem Gebiet der automatisierten Informationsverarbeitung auf mikroelektronischer Grundlage wird durch ein beachtliches Forschungs- und Entwicklungspotential von rund 8000 Mitarbeitern garantiert, wobei etwa 4,5 Tausend dem Stammbetrieb zugeordnet bleiben. Das Kombinat Robotron verfügt über eigene Handels- und Serviceabteilungen, die eine enge Verbindung zum Anwender der Gerätetechnik und damit ein operatives Reagieren auf Kundenerfordernisse ermöglichen. Die Softwareunterstützung übernimmt der Teilbetrieb Robotron-Projekt. Die Produktionspalette umfaßt vor allem jegliche Schreib- und Vervielfältigungstechnik, Personal-, Büro- und Arbeitsplatzcomputer in verschiedenster Ausrüstungsstufe und Leistungsklasse sowie die gesamte mittlere EDV-Technik.

Das Werk 05 im Stammbetrieb des Kombinates, die ehemalige „Archimedes“ Fabrik, fertigte in einer Übergangszeit Baugruppen für konventionelle Schreibtechnik. Für die nächste Zukunft ist aber die anspruchsvollere Produktion von präzisen Flachbettplottern vorgesehen, auf die unsere Industrie als Ausrüstung für zeichnerische Darstellungen im Rahmen der rechnergestützten Produktionsvorbereitung und auch für Registrierzwecke schon lange wartet.

Diese „neuen“ Aufgaben knüpfen dabei wieder an Erfahrungen an, die in Glashütte in einer Übergangsphase nach der Einstellung der Fertigung mechanischer Rechenmaschinen 1960 gesammelt wurden, als in der DDR Lehr- und Forschungseinrichtungen mit leistungsfähigen elektronischen Analog-Integrieranlagen von Typ ENDIM 2000 auszurüsten waren. Später wurde diese Herstellung im Zuge einer Spezialisierung an die CSSR übertragen. Insgesamt stellt dieses neue Produktionsziel eines alten, traditionsreichen Betriebes eine große Herausforderung dar: Alles früher erworbene Können soll, gepaart mit modernen Technologien, in die Automatisierungsvorhaben unserer Republik eingebracht werden; noch deutlicher als zuvor muß sich der Betrieb im Bereich einer mit Elektronik ergänzten Präzisionsmechanik profilieren.

Im Kombinat Robotron und seinen Teilbetrieben werden so bewährte Traditionen mit Aufgaben modernster Schlüsseltechnologie verbunden: Die Schreibmaschinentechnik mit dem weltbekannten Markenzeichen „Erika“ von einst wächst in elektronische Bürotechnik herüber, die Fertigung von Magnettrommelspeichern wird durch die Fabrikation von Magnetfolien- und Festplattenspeicher in riesigen Stückzahlen für Büro- und Arbeitsplatzcomputer abgelöst, die mechanischen Rechner werden bei millionenfachem Leistungszuwachs durch zuverlässige und billige elektronische Geräte ersetzt. Damit wird die wissenschaftlich-technische Revolution vorangetrieben, die eine Synthese von Präzisionsmechanik und Elektronik benötigt und beides in den Bereich einer Mikrotechnik fortführt.

Überall wird damit auch der zweite Teil des in der Einleitung vorangestellten Goethe-Wortes unterstrichen:

„... *jede echte Sehnsucht muß produktiv sein, ein Neues, ein Besseres zu schaffen* ...“.

Noch ist ein Ende der Entwicklung in der Mikroelektronik und -mechanik unabsehbar; ihre Anwendung in allen Bereichen der Gesellschaft steht erst ganz am Anfang. Dabei genügt es sicherlich nicht, die Produktivität gegenwärtiger Fertigungstechnik durch ebensolche rechnergestützte und -geleitete Komplexe zu ersetzen. Alle diese Gedanken und Ergebnisse sind bereits in unsere Zeitströmung eingeflossen, haben ihre Richtung bestimmt. Und wieder versucht sich der Mensch aus diesem Sog herauszuarbeiten, unsere Sehnsucht erwartet immer mehr.

Konrad Zuse, der Computer-Pionier, und andere betrachten bereits „sich selbst reproduzierende Systeme“, die in der Endkonsequenz zu Fragen technischer Keimzellen führen. Fertigungsstätten wären dann nicht mehr zu „errichten“, sondern zu „pflanzen“ — sie entwickeln sich danach bei Zuführung der Rohstoffe selbst entsprechend dem innewohnenden Plan [45]. Noch realistischer ist der Wunsch nach weiter verfeinerten, elektronisch gesteuerten mikromechanischen Roboterhänden, die uns „Denkzeuge“ bisher unerwarteter Leistungen zur Verfügung stellen können; vielleicht arbeiten diese dann schon superschnell auf optoelektronischer Basis. Außerdem sollten bald schon Computer nicht nur Aufgaben der unmittelbaren Anwendung kalkülmäßig lösen, sondern sie werden aus Problem- und Situationsbeschreibungen heraus selbst auch Lösungsalgorithmen konstruieren. Bereits in naher Zukunft sollten die Rechner, von Metaalgorithmen gesteuert, auf Grund der vom Menschen oder auch schon von Robotern formulierten allgemeinen Fragestellungen Lösungskalküle zu suchen und zu finden helfen. Leibniz' „Kunst des Erfindens“ wird trotz aller prinzipiellen Begrenzungen (vgl. Abschn. 2.1) ihre Bedeutung erst noch erweisen. Wie auch der Mensch im Zuge der Evolution über sich hinauswächst, so dürfen wir es sicher auch von seinen Geschöpfen erwarten. Unsere Sehnsucht nach Neuem, nach Besserem wird die Zukunft gestalten.

Literaturverzeichnis

[1] Anthes, E.: Die Rechenmaschine von C. Dietzschold. Historische Bürowelt 9 (1985).

[2] de Beauclair, W.: Rechnen mit Maschinen. Fr. Vieweg & Sohn, Braunschweig 1968.

[3] Besson, J.: Théâtre des Instruments mathématiques et méchaniques. Lyon 1571. Dt. Ausgabe: Theatrum oder Schauplatz, allerley Werkzeug und Rüstungen. Mömpelgart 1595.

[4] Birch, Th.: The History of the Royal Society of London, for improving of Natural Knowledge, from its first rise. Vol. III, London 1757.

[5] Brecht, M.; Paulus, R. F. (Hrsg.): Philipp Matthäus Hahn, Bd. I. Die Kornwestheimer Tagebücher 1772—1777, Texte zur Geschichte des Pietismus, De Gruyter Berlin 1979.

[6] Dietzschold, C.: Die Rechenmaschine. Separatabdruck aus dem Allgemeinen Journal der Uhrmacherkunst. Verlag Hermann Schlag Leipzig 1882.

[7] Engelmann, M.: Philipp Matthäus Hahn. Richard Carl Schmidt & Co. Berlin 1923.

[8] Freytag-Löringhoff, Baron v.: Wilhelm Schickards Tübinger Rechenmaschine von 1623, Kleine Tübinger Schriften, H. 4, Tübingen 1986.

[9] Gemeinderat Glashütte (Hrsg.): Denkwürdigkeiten aus der Geschichte der Stadt Glashütte. Festschrift zum 400-jährigen Stadtjubiläum Glashütte i. Sa., herausgegeben im Auftrag des Stadtgemeinderates 1939.

[10] HAMMER, F.: Nicht Pascal, sondern der Tübinger Professor Wilhelm Schickard erfand die Rechenmaschine! Büromarkt **13** (1958), 1023–1025.

[11] HANSCH, M. G. (Hrsg.): Epistolae ad Joannem Kepplerum scriptae. Leipzig 1718.

[12] HIRSEMANN, L.: Jacob Leupold – ein Wegbereiter der technischen Bildung in Leipzig. Wiss. Berichte der TH Leipzig, H. 17 (1982).

[13] LANGE, W.: Die Pionierarbeit des W. Th. Odhner. Historische Bürowelt, **14** (1986), 19–22.

[14] LANGE, W.: Buchungsmaschinen (1910–1960). GMD-Bericht Nr. 162, R. Oldenburg-Verlag München/Wien 1986.

[15] LEHMANN, N. J.: Bericht über den Entwurf eines kleinen Rechenautomaten an der TH Dresden. Berichte über Mathematiker Tagung an der Humboldt-Universität zu Berlin, Akademie-Verlag Berlin 1953, S. 262–270.

[16] LEHMANN, N. J.: Entwicklung der Mathematik in der DDR. Mitherausgeber und Beitrag „Mathematische Maschinen" (gemeinsam mit H. Adler, J. Bormann, W. KÄMMERER, I. O. KERNER) VEB Deutscher Verlag der Wissenschaften Berlin 1974, S. 713–732.

[17] LEHMANN, N. J.: Internationales Kolloquium über aktuelle Probleme der Rechentechnik anläßlich 100 Jahre deutsche Rechenmaschinenproduktion. Wiss. Zeitschr. d. TU Dresden **29** (1980), Heft 2, 331–336.

[18] LEHMANN, N. J.: Sprachlich gestützte und geleitete EDV-Projektierung. Sitzungsberichte der AdW der DDR **19** N, Akademie-Verlag Berlin 1980.

[19] LEHMANN, N. J.: Zur Geschichte der mechanischen Rechentechnik, Rückschau und Projektionen. Jahrbuch Überblicke Mathematik 1986, Bibliographisches Institut Mannheim/Wien/Zürich 1986, S. 155–166 .

[20] LEHMANN, N. J.: Leibniz' Ideenskizze zum Sprossenrad. NTM-Schriftenreihe Geschichte, Naturwiss., Technik, Medizin, Leipzig **24** (1987) 1, S. 83–89.

[21] LEUPOLD, J.: Theatrum Machinarum ... in 12 Bänden (die Bände tragen einzelne, den Inhalt bezeichnende Namen). Bd. 1–11 erschien im Verlag Joh. Friedrich Gleditschens seel. Sohn, gedr. C. Christoph Zunkel Leipzig 1724–1727; der Bd. 12 wurde 40 Jahre nach dem Tode Leupolds von J. M. Beyer und J. Born verfaßt und erschien 1767 in der Walterischen Hof-Buchhandlung in Dresden.

[22] LEUPOLD, J.: Theatrum Arithmetico-Geometricum. Das ist Schauplatz der Rechen- und Meßkunst. Als Band 11 von [21].

[23] MACKENSEN, L. v.: Zur Vorgeschichte und Entstehung der ersten digitalen 4-Spezies-Rechenmaschine von Gottfried Wilhelm Leibniz. Z. Studia Leibnitiana Supplementa Bd. 2 (1969), S. 34–68.

[24] MACKENSEN, L. v.: Schickards Tellurium. Das erste copernicanische Handplanetarium: Tübingen 1632. Tübinger Blätter, 64 Jg. 1977, S. 38–40, (Rekonstruktion des Planetariums: Information aus dem Landesmuseum in Kassel Nr. 12, Dez. 1977, 3 S.).

[25] MACKENSEN, L. v.: Kunst und Technik – 2000 Jahre Vorfahren des Computers. Herrenhausen ‚85', 17. Kunst- und Antiquitätenmesse Hannover, S. 4–11, München 1985

[26] MEYER ZUR CAPELLEN: Mathematische Instrumente. Akad. Verlagsgesellsch. Leipzig, 3. Aufl. 1949.

[27] MUNZ, A.: Philipp Matthäus Hahn. Jahn Thorbecke Verlag Sigmaringen 1977 (2. Aufl. 1987).

[28] NAGLER, J.: Beschreibung der Rechenmaschine des Antonius Braun. Blätter für Technikgeschichte, Heft 22, Wien 1960, S. 81–87.

[29] PÄTZOLD, H.: Rechnende Maschinen. Eine historische Untersuchung ihrer Herstellung und Anwendung vom Kaiserreich bis zur Bundesrepublik. Technikgeschichte in Einzeldarstellungen. Bd. 41/1985, VDI Verlag.

[30] PALAND, R.: Die Leupold-Maschine. Ein Schaltklinkensystem 200 Jahre vor Christel Hamann. Historische Bürowelt, 8 (1985), 14–15.

[31] PALAND, R.: Die Gersten-Maschine. Historische Bürowelt, 13 (1986), 15–16.

[32] RAMELLI, A.: Le diverse et artificiose machine. Paris 1588. Dt. Ausgabe: Schatzkammer mechanischer Künste, Leipzig 1620.

[33] Rechenmaschinenfabrik Burkhardt [Hrsg.): Werksschrift der Glashütter Rechenmaschinenfabrik Arthur Burkhardt. Burkhardt-Arithmometer S. 1–11; Geschichte der Gründung der deutschen Rechenmaschinen-Industrie S. 12–26. Selbstverlag 1913.

[34] Reichspatentamt (Hrsg.): Antriebs- und Einstellvorrichtung für Rechenmaschinen od. dgl., DRP 42m15 Nr. 49096, erteilt am 13. 8. 1939, angemeldet 1938.

[35] REULEAUX, F.: Die (sog.) Thomas-Rechenmaschine. 1. Aufl. Leipzig 1862, 2. Aufl. Leipzig 1892.

[36] SCHUCHARDIN, S. W. et al. (Hrsg.): Allgemeine Geschichte der Technik von 1870 bis etwa 1920. VEB Fachbuchverlag Leipzig 1984.

[37] SECK, F.: Wilhelm Schickard 1592–1635, Astronom, Geograph, Erfinder der Rechenmaschine. Hrsg. F. Seck, Tübingen 1978.

[38] SECK, F.: Wissenschaftsgeschichte von Wilhelm Schickard. Hrsg. von F. Seck, Tübingen 1981.

[39] SEDLACZEK, E.: Visir- und Recheninstrumente. Wien 1856.

[40] SOLLA-PRICE, D. J. de: An Ancient Greek Computer. Scientific American, 200 (1959), H. 6.

[41] WILBERG, E.-E.: Die Leibniz'sche Rechenmaschine und die Julius-Universität in Helmstedt. Beiträge zur Geschichte der Carlo-Wilhelmina. Schriften des Braunschweigischen Hochschulbundes e. V. Herausgegeben von Prof. (em.) Dr.-Ing. A. Kuhlenkamp BdV., Braunschweig 1977.

[42] WILLERS, Fr. A.: Mathematische Maschinen und Instrumente. Akademie-Verlag Berlin 1951.

[43] WILLERS, Fr. A.: Aus der Frühzeit der Rechenmaschinen. Wiss. Zeitschr. d. TH Dresden, 2 (1952/53) 2, 151–158.

[44] WOECKEL, G. P.: Die Braunsche Rechenmaschine in Wien (1727) und ihre Gehäuseverzierung durch Johann Baptist Straub. Alte und moderne Kunst 127, Wien 1973, S. 19–24.

[45] ZUSE, K.: Der Computer – mein Lebenswerk. Springer-Verlag Berlin, Heidelberg, New York, Tokyo 1984.

BILD-ANHANG

Abb. 1. Wilhelm Schickard 1592—1635

Abb. 2. Rekonstruktion der SCHICKARDschen Rechenmaschine durch Baron von FREYTAG-LÖRINGHOFF (etwa 1960)

Abb. 3. Gottfried Wilhelm Leibniz 1646–1716

Abb. 4. LEIBNIZ' Rechenmaschine (etwa 1694)

Abb. 5. Jacob Leupold 1674—1727

Abb. 6. Pfarrer PHILIPP MATTHÄUS HAHN 1739–1790

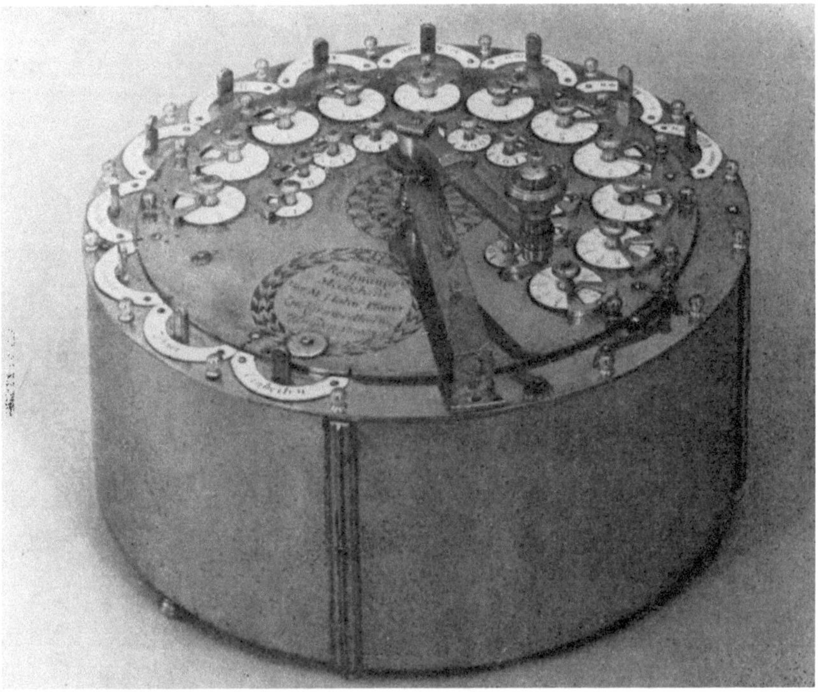

Abb. 7. Rechenmaschine von HAHN

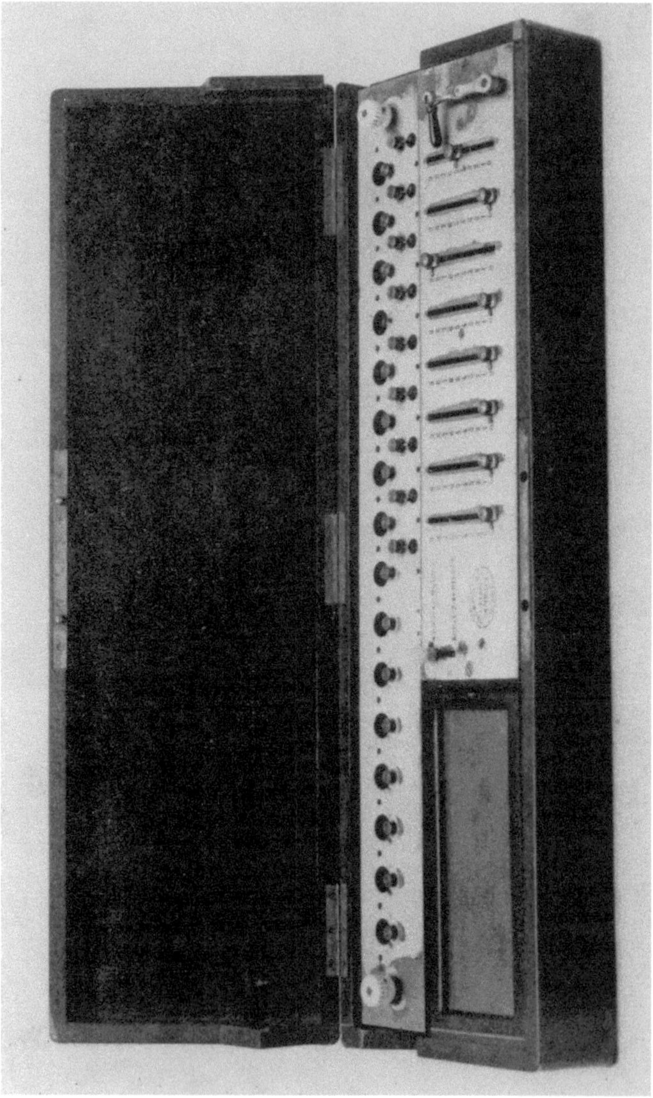

Abb. 8. THOMAS CALCULATEUR (um 1870)

Abb. 9. FERDINAND ADOLF LANGE 1815—1875

Abb. 10. LANGE-Uhr (mit Datum und astronomischen Werten)

Abb. 11. Arthur Burkhardt 1857—1918

Abb. 12. BURKHARDT-Arithmometer

Abb. 13. Reinhold Pöthig 1877—1955

Abb. 14. BURKHARDT-4-Spezies-Automat mit elektrischem Antrieb (um 1925)

Abb. 15. Archimedes-4-Spezies-Automat mit elektrischem Antrieb (um 1925)

Abb. 16. Versuchsanordnung für rotierenden Magnetspeicher und zugehörige Impulstechnik (1951)

Bei Fragen zur Produktsicherheit wenden Sie sich bitte an:
If you have any questions regarding product safety,
please contact:

Walter de Gruyter GmbH
Genthiner Straße 13
10785 Berlin
productsafety@degruyterbrill.com